蝴蝶效应之谜
走近分形与混沌

张天蓉◎著

Mystery
of the Butterfly Effect
Fractals and Chaos

清华大学出版社

北京

图书在版编目（CIP）数据

蝴蝶效应之谜：走近分形与混沌/张天蓉著. --北京：清华大学出版社，2013（2019.6重印）

ISBN 978-7-302-32406-5

Ⅰ．①蝴…　Ⅱ．①张…　Ⅲ．①分形学－普及读物②混沌理论－普及读物
Ⅳ．①O415.5-49

中国版本图书馆 CIP 数据核字（2013）第 096653 号

责任编辑：胡洪涛　王　华
封面设计：蔡小波
责任校对：刘玉霞
责任印制：沈　露

出版发行：清华大学出版社
　　　　网　　　　址：http://www.tup.com.cn，http://www.wqbook.com
　　　　地　　　　址：北京清华大学学研大厦 A 座　　邮　　编：100084
　　　　社　总　机：010-62770175　　　　　　　邮　　购：010-62786544
　　　　投稿与读者服务：010-62776969，c-service@tup.tsinghua.edu.cn
　　　　质　量　反　馈：010-62772015，zhiliang@tup.tsinghua.edu.cn
印　装　者：河北远涛彩色印刷有限公司
经　　销：全国新华书店
开　　本：148mm×210mm　印　张：5.875　插　页：6　字　数：155千字
版　　次：2013 年 6 月第 1 版　　　　　印　　次：2019 年 6 月第 11 次印刷
定　　价：29.00 元

产品编号：052329-02

序一
科学可以很有趣

虽然科学进入中国已几百年，但恐怕还很难说中国是一个普遍理解科学的国度。

如果科学真深入了中国文化，就难以解释为什么即使是今天，中国民众也还经常误读科学、甚至在极端少数人推动下，可以出现反科学的思潮。

由真正懂科学的人以中文介绍科学，有长期的必要。而能将科学栩栩如生地介绍给公众的作者，在中文世界里还是凤毛麟角，本书的作者张天蓉就是其中之一。她的文笔也许有助于改善中国很多人只注重科学的功用而不欣赏科学的趣味的问题。

张天蓉是我国留美的物理博士。她念物理的时代，是我国青年对物理学趋之若鹜的时代。本来也喜欢物理、后来却念了医学再转生物的我，对此深有体会。

我自己喜欢科学，也喜欢了解其他学科，十几年来也写科学介绍，所以对张天蓉的科普更是由衷的佩服。张博士的文章，不仅把科学讲得很透彻，而且丰富多彩，引人入胜，是科学普及的极佳材料。

我希望不仅青少年，而且爱好科学、崇尚智力、推崇理性的成年人都成为张博士的读者。

如果您时间不够不能全面阅读，也不妨将这本书放在自己的书架上，也许不经意可以影响亲朋好友，也在中文世界推广了科学和理性。

饶　毅

北京大学　教授

序二
玄机妙语话混沌

　　自从洛伦茨 20 世纪 60 年代偶然由数值计算发现混沌吸引子以来,混沌理论在许多领域中得到迅猛的发展。混沌以其千姿百态的分形与吸引子以及难以捉摸的"蝴蝶效应",令人感到一种缥缈虚幻的玄妙和一丝扑朔迷离的诡异。

　　"混沌理论"最早起源于物理学家的研究,但却不是正统物理学的范围,它当然也不是正统数学理论,它可算是在许多领域都能应用的边缘学科。每个学科的人都以不同的方式来理解它。搞生物的人用它分析生物体的结构和生命的进化;搞经济的人用它探索金融股市的规律;作数学的则更多地将它与非线性及微分方程稳定性理论等联系起来。这本书是从物理的角度开始,应用通俗易懂的语言和娴熟的数学技巧剖析混沌的本质,然后推而广之,述及混沌在其他各学科的应用。

　　要写好一本通俗读物,有两点是很重要的:一是对该学科的深刻理解,没有这种理解就会把通俗读物混同幻想小说;二是文笔的生动流畅,否则会写成简版的教科书。张天蓉博士既有很深的学术造诣,又有入木三分的文笔,使得这本书既保持了科学的严谨性,令读者开卷有益,收获真知;又能深入浅出、趣味盎然,引人入胜。

　　张天蓉博士系"文革"中大学毕业生,是我当年第一届科学院研究生院的同学,后来在美国得克萨斯州奥斯汀大学获物理学博士,与我经历相似。细读该书,为之感动,故不揣孤陋,以为序。

程代展

中国科学院研究员、博士生导师

有一首翻译的英文诗："钉子缺,蹄铁卸;蹄铁卸,战马蹶;战马蹶,骑士绝;骑士绝,战事折;战事折,国家灭。"

苏轼诗："斫得龙光竹两竿,持归岭北万人看。竹中一滴曹溪水,涨起西江十八滩。"

成语："失之毫厘,谬以千里。"

以上文字可用一个现代著名而热门的科学术语来概括——蝴蝶效应。

什么是"蝴蝶效应"？ 此名词最早起始于 20 世纪 60 年代,源至研究非线性效应的美国气象学家洛伦茨[1],它的原意指的是气象预报对初始条件的敏感性。初始值上很小的偏差,能导致结果偏离十万八千里!

例如,1998 年,太平洋上出现"厄尔尼诺"现象,气象学家们便说:这是大气运动引起的"蝴蝶效应"。好比是美国纽约的一只蝴蝶扇了扇翅膀,就可能在大气中引发一系列的连锁事件,从而导致之后的某一天,中国上海将出现一场暴风雨!

也许如此比喻有些哗众取宠、言过其实？ 但无论如何,它击中了结果对初始值可以无比敏感的这点要害和精髓,因此,如今各行各业的人都喜欢使用它。

毫不起眼的小改变,可能酿成大灾难。名人一件芝麻大的小事,经过一传十、十传百,可能被放大成一条面目全非的大新闻,有人也将此比喻为"蝴蝶效应"。

股票市场中,快速的计算机程控交易,通过互联网反馈调节,有时会使得很小的一则坏消息被迅速传递和放大,以至于促使股市灾难性下跌,造成如"黑色星期一"、"黑色星期五"这类为期一天的灾祸。更有甚者,一点很小的经济扰动,有可能被放大后变成一场巨大的金融危机。这时,股市的人们说:"这是'蝴蝶效应'"。

有人还打了一个不太恰当的比喻,来解释社会现象中的"蝴蝶效应":如

果希特勒在孩童时期就得一场大病而夭折了的话，在 1933 年还会爆发第二次世界大战吗？对此我们很难给出答案，但是却可以肯定，起码战争的进程可能会大不相同了。

"蝴蝶效应"一词还引发了众多文人作家无比的想象力，多次被用于科幻小说和电影。

然而，在这个原始的科学术语中，究竟隐藏着一些什么样的科学奥秘呢？它所涉及的学科领域有哪些？这些科学领域的历史、现状和未来如何？其中活跃着哪些人物？他们为何造就了这个奇怪的术语？这儿所涉及的科学思想和概念，与我们的日常生活真有关系吗？这些概念在当今突飞猛进发展的高科技中有何应用？如何应用？

从这些一个接一个的疑问出发，作者将用讲故事的方式，带你轻松愉快地走近科技世界中最美妙、最神奇的一个角落，向你展示蝴蝶效应之奥秘——分形和混沌理论，数学物理百花园中这两朵美丽的奇葩！

仅以此书献给我的家人：丈夫章球、儿子章刚、女儿章毅和章玄。

张天蓉

2013 年春

1 第一篇

美哉分形

Mystery
of the Butterfly Effect
Fractals and Chaos

前言中提到的蝴蝶效应与一门新兴科学——混沌理论有关[2]。

混沌是什么？要理解混沌的概念，最好先理解分形。分形是什么？要理解分形，最好首先从一个例子开始。那就让我们从一个不算很复杂、也不算很简单的分形的例子——分形龙说起吧[3]。

1.1 有趣的分形龙

拿着一条细长的纸带，把它朝下的一头拿上来，与上面的一头并到一起。用一句简单的话说，就是将纸带对折。接着，把对折后的纸带再对折，又再对折，重复这样的对折几十次……

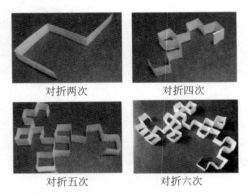

对折两次　　　　　　对折四次

对折五次　　　　　　对折六次

图 1.1.1　纸带对折的过程

注意：4 个图中，纸带的长度不是固定的。

然后，松开纸带，从纸带侧面看，如图 1.1.1 所示，我们得到是一条弯弯曲曲的折线。请别小看这个连小孩子都会做的游戏。从它开始，我们可以探索一连串现代科技中耳熟能详的名词：分形、混沌、蝴蝶效应、生命产生、系统科学……

我们把"纸带对折一次"的动作用数学的语言来表述,便对应于几何图形的一次"迭代"。如刚才所描述的纸带"对折",就是将一条线段"折"了一下。图 1.1.2 显示了前两图从"初始图形"到"第一次迭代"的过程。

然后,将这种"迭代"操作循环往复地做下去,最终所得到的图形叫做中国龙,或称分形龙。图 1.1.2 描述了分形龙曲线几何图形的生成过程。

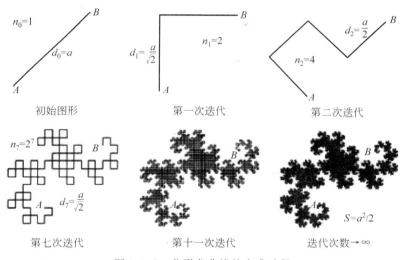

图 1.1.2   分形龙曲线的生成过程

这里需要提醒一点,图 1.1.2 的迭代过程,与最开始提到的"折纸带"游戏,有一点不同之处:折纸带时,纸带的长度是不变的,而在图 1.1.2 的迭代过程中,我们保持初始图形中线段的两个端点(A 和 B)的位置固定不变。因此,所有线段加起来的总长度(对应于纸带长度)应是不断增加的。

仔细研究图 1.1.2 中分形龙的产生过程,可观察到如下 3 个有趣之处:

（1）简单的迭代，进行多次之后，产生了越来越复杂的图形；

（2）越来越复杂的图形表现出一种"自相似性"；

（3）迭代次数较少时，图形看起来是一条折来折去的"线"，随着迭代次数的增加（迭代次数→无穷）最后的图形看起来像是一个"面"。

第一条特点一目了然，无须多言。

第二条的"自相似性"是什么意思呢？这是说，一个图形的自身可以看成是由许多与自己相似的、大小不一的部分组成的。最通俗的"自相似"例子是人们喜欢吃的花菜，花菜的每一部分，都可以近似地看成是与整棵花菜结构相似的"小花菜"组成的。

之前折叠纸带而构成的分形龙曲线，也具有这种"自相似性"。从图 1.1.3 可以看出：分形龙可以看成是由 4 个更小的、但形状完全一样的"小分形龙"组成的[2]。

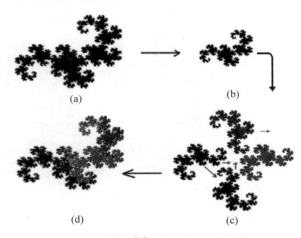

(a)　(b)　(d)　(c)

图 1.1.3　分形龙[A]的自相似性（彩图附后）

图 1.1.3(a)是分形龙原来的图形。我们将(a)图缩小二分之一，得到为原来大小一半的图(b)；然后，图形(c)包含了四个不同方向的小图形；将这 4 个小图按照红色箭头的方向移动后，把它们拼成

如图(d)的形状,可以看出,图(d)是和原图(a)一模一样的图形。

话说到这儿,读者们大概已经明白,我们要描述的图形有什么样的特点了。并且,从我们所说的图形的名字——分形龙,也可以看出一点名堂来。没错,具有此类性质的图形,就叫做"分形"。

又为什么取名为"分形"呢?这就和刚才总结的第三条特点有关了:分形龙图形,到底是"线"还是"面"?

我们从日常生活中已经建立了"点、线、面、体"的概念,几何学给它们抽象了一下,分别叫它们做"零维、一维、二维、三维"的几何图形。那么,图1.1.2的分形龙到底是一维的"线"还是二维的"面"呢?

这儿谈到了几何图形的"维数",维数是一个严格的数学概念哦,我们不应该只凭感觉了,而需要更多的数学论证。也就是说,我们需要仔细研究研究,当迭代的次数增加下去,趋向于无穷的时候,分形龙曲线的维数到底是多少呢?

有的人,比如张三同学,思维比较经典,可能会说,分形龙是由一条纸带反复折叠而成的。在数学上,就是一条直线段折了又折而成的。折叠再多的次数,即使是最后那个图,放大之后依然能看出来,是由一条一条小小的"线段"构成的嘛,当然仍然是"线",还是个"一维图形"喽!

但李四观察思考得更细致些,他反驳张三说,"事情可不是那么简单。你们看,最后一个图形的下面写的是:迭代次数→无穷。这个趋于'无穷'的意思不是你放大图形能够看到的,你只能凭想象。另外,凡事涉及了'无限',就可能得到一些意料之外的结果……"

"什么样意料之外的结果啊?"另一个朋友王二也问李四。

李四解释:"比如,就拿张三刚才提到的'一条一条小线段'来说吧,我们可以研究,当直线折叠下去时,这每条小线段的长度 d(图中所示的 $d_1, d_2, \cdots, d_n$)。如图1.1.2所示,很容易看出来,d 会越来越小、越来越小。当 n 趋于无穷时,d 会趋于0。也就是说,每一小段的长度都是0。但是,尽管到了最后,每条小线段的长度都是0,整条直线的长度却显然不是0。这就是因为有无限多个小线段加起来的

缘故啊。"

"这就是我为什么说，无限进行的操作会产生意想不到的结果……"李四自信满满地说。

事实上，如图 1.1.2 的迭代做下去，但是保持初始图形中线段的两个端点（A 和 B）的位置固定不变的话，我们可以证明，最后这无限多个长度为 0 的小线段加起来，结果的总长度不但不是 0，还是趋于无穷大！因此，李四说："照我看来，当这条直线无限折叠下去时，每个小线段变成了一个点，这些点将完完全全地充满分形龙图形所在的那块平面。因此，最终的分形龙，应该等效于一个二维图形！"

分形龙到底是一维图形，还是二维图形呢？张三和李四各执己见，争论不休。王二眨眨大眼睛，又发言了，他的观点不同凡响：

"这分形龙的维数，为什么一定要是你们两人所说的，或者 1，或者 2 呢？难道它就不能是个 1.2、1.8，或者是二分之三这样的分数吗？"

维数是个分数！那是什么意思啊？张三李四都没听过，其实王二也只是如此猜想而已，并不了解是否真有"分数维"这一说。于是，这个既简单又复杂的美妙的分形龙图形，激发了他们的好奇心和求知欲。这三个大学校园结交的好朋友：学工程的张三、物理系的李四以及学生物的王二，开始了一趟几何之旅。他们对分数维图形，也就是"分形"，从不同的角度开始了进一步的探索。

1.2 简单分形

"王二不简单啊！"张三说："你看，数学上真的有如你所说的分数维……"

王二却假装丧气地说了一句笑话："唉，可惜我晚生了一百多年，要不然，我就是第一个提出分数维的人了……"

原来，非整数维的几何图形，早在 1890 年，就被意大利数学家皮亚诺（G. Peano）提出。他当时构造了一种奇怪的曲线，就是图 1.2.1

的方法构造下去的图形。用此方法最后所逼近的极限曲线,应该能够通过正方形内的所有的点,充满整个正方形。那就等于说:这条曲线最终就是整个正方形,就应该有面积!这个结论令当时的数学界大吃一惊。一年后,大数学家希尔伯特也构造了一种性质相同的曲线。这类曲线的奇特性质令数学界不安:如此一来,曲线与平面该如何区分?对这种奇怪的几何图形,当时的经典几何似乎显得无能为力,不知道该把它们算作什么。

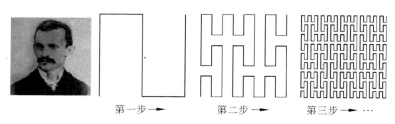

第一步 ➡   第二步 ➡   第三步 ➡ ⋯

图 1.2.1   皮亚诺和他的 space filling curve

　　这类奇怪的曲线,包括我们在 1.1 节中介绍过的分形龙,都是分形的特例,不同的迭代方法,可以形成各种各样不同的分形。自皮亚诺之后,科学家们对分形的研究形成一个新的几何分支,叫做"分形几何"。

　　分形(fractal)是一种不同于欧氏几何学中元素的几何图形。简单的分形图形,例如 1.1 节中所举的分形龙例子,很容易从迭代法产生。除了分形龙之外,还有许多看起来更简单的分形曲线,如图 1.2.2 所示的科赫曲线就是一例。

　　尼尔斯·冯·科赫(Niels von Koch,1870—1924)是一位瑞典数学家,出生于瑞典一个显赫的贵族家庭。冯·科赫的祖父曾担任瑞典的司法大臣,父亲是瑞典皇家近卫骑兵团的中校。研究数学和哲学是当时瑞典贵族阶层的流行风尚。如今闻名世界的诺贝尔奖,就是由瑞典皇家科学院专设的评选委员会负责评审和颁发的。1887年,17 岁的科赫被斯德哥尔摩大学录取,师从著名的函数论专家哥

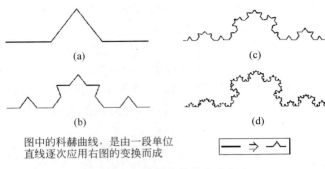

图中的科赫曲线，是由一段单位
直线逐次应用右图的变换而成

图 1.2.2　科赫曲线的生成方法

斯塔·米塔格-列夫勒（Gösta Mittag-Leffler）。由于斯德哥尔摩大
学当时尚未获得颁发学位的许可，之后他又就读于乌普萨拉大学，在
此校获得文学学士及哲学博士学位之后，被斯德哥尔摩的皇家工学
院聘任为数学教授。

　　在短短的 54 年生命中，冯·科赫写过多篇关于数论的论文。其
中较突出的一个研究成果是他在 1901 年证明的一个定理，说明了黎
曼猜想等价于素数定理的一个条件更强的形式。但是，他留给这个
世界的最广为人知的成果，却是这个看起来不太起眼的小玩意儿，也
就是此文中所介绍的以他名字命名的科赫曲线。

　　科赫在 1904 年他的一篇论文"关于一个可由基本几何方法构造
出的、无切线的连续曲线"中，描述了科赫曲线的构造方法[4]。

　　如图 1.2.2 所示，科赫曲线可以用如下方法产生：在一段直线
中间，以边长为三分之一的等边三角形的两边，去代替原来直线中间
的三分之一，得到（a）。对（a）的每条线段重复上述做法又得到（b），
对（b）的每段又重复，如此无穷地继续下去得到的极限曲线就是科
赫曲线。科赫曲线显然不同于欧氏几何学中的平滑曲线，它是一种
处处是尖点，处处无切线，长度无穷的几何图形。科赫曲线具有无穷
长度。这点很容易证明：因为在产生科赫曲线的过程中，每一次迭
代变换都使得曲线的总长度变成原来长度的三分之四倍，也就是说

乘以一个大于 1 的因子。例如,假设开始时的直线段长度为 1,在图 1.2.2(a)中,折线总长度为 4/3;而(b)图的折线总长度为 (4/3)×(4/3);(c)图的折线总长度为(4/3)×(4/3)×(4/3);这样一来,当变换次数趋向于无穷时,曲线的长度也就趋向于无穷。

科赫雪花则是以等边三角形三边生成的科赫曲线组成的,如图 1.2.3 所示。

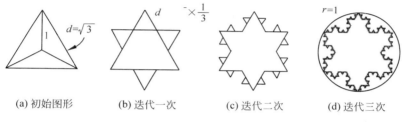

(a) 初始图形   (b) 迭代一次   (c) 迭代二次   (d) 迭代三次

图 1.2.3 科赫雪花(彩图附后)

李四指着图 1.2.3 说:"你们看,这科赫曲线处处连续而处处不可微……"话还没说完,就被王二打断了,王二指着图 1.2.3(b)中的一段直线说:"连续是对的,我怎么看不出处处不可微呢? 这些平平的三角形边上的直线部分不都是可微的吗?"

李四明白了王二的困惑之处,笑嘻嘻地解释道:"问得好! 这是一个很重要的概念:我们用迭代的方法生成分形,但是,生成过程中的那些图都不是分形,只是最后那个无穷迭代下去的最后极限的图形才叫做分形!"

张三说:"对,所以实际上,分形是趋于无穷的极限,是画不出来的。"

王二也明白了:"是呀,不要忘了这一点! 只能看着图,再加上想象……"

言归正传,因为每条科赫曲线都是连续而无处可微的曲线,每条曲线的长度都无限大,所以,由三条科赫曲线构成的科赫雪花的整个周长也应该无限大。然而,从图中很容易看出,科赫雪花的面积却应

该是有限的。因为整个雪花图形被限制在一个有限的范围之内。例如，科赫雪花的面积应该大于图 1.2.3(a)中正三角形的面积 $\frac{3}{4}\sqrt{3}$，而小于图 1.2.3(d)中红色圆形的面积 π。

利用初等数学很容易求得图 1.2.3 中作无限次迭代之后的科赫雪花图形的面积。

设 A_0 为初始三角形的面积，A_n 为 n 次迭代之后图形的面积，读者不难得出下面的迭代公式：

$$A_{n+1} = A_n + \frac{3 \cdot 4^{n-1}}{9^n} A_0, \quad n \geqslant 1 \tag{1.2.1}$$

从图 1.2.3(b)也很容易算出迭代一次之后的图形面积 A_1：

$$A_1 = \frac{4}{3} A_0 \tag{1.2.2}$$

经过简单的代数运算：

$$A_{n+1} = \frac{4}{3} A_0 + \sum_{k=2}^{n} \frac{3 \cdot 4^{k-1}}{9^k} A_0 = \left(\frac{4}{3} + \frac{1}{3} \sum_{k=2}^{n} 3 \frac{3 \cdot 4^{k-1}}{9^k} \right) A_0$$

$$= \left(\frac{4}{3} + \frac{1}{3} \sum_{k=2}^{n} \frac{9 \cdot 4^{k-1}}{9^k} \right) A_0 = \left(\frac{4}{3} + \frac{1}{3} \sum_{k=1}^{n} \frac{4^k}{9^k} \right) A_0 \tag{1.2.3}$$

$$\lim_{n \to \infty} A_n = \left(\frac{4}{3} + \frac{1}{3} \cdot \frac{4}{5} \right) A_0 = \frac{8}{5} A_0 \tag{1.2.4}$$

最后可得到科赫雪花的面积：

$$\frac{2S^2 \sqrt{3}}{5} \tag{1.2.5}$$

式中的 S 是原来三角形的边长，$S^2 = 3$。

1.3 分数维是怎么回事？

了解了更多有关分形的知识之后，三个好朋友：张三、李四、王二又凑到了一块儿，返回去思考和探索 1.1 节留下的问题：分数维到底是怎么回事呢？

张三说，在经典几何中，是用拓扑的方法来定义维数的，也就是说，空间的维数等于决定空间中任何一点位置所需要变量的数目。例如，所谓我们生活在三维空间，是因为我们需要三个数值：经度、纬度和高度来确定我们在空间的位置。对于一个二维空间，比如在地球这个球面上，则需要两个数值来确定一个物体的位置。当我们开车行驶在某一条高速公路上，汽车的位置只需要用一个数——出口的序号数就能表示了，这是一维空间的例子。

如上面所定义的拓扑维数，如何用分数维数才能解释像皮亚诺图形、科赫雪花、分形龙这些奇怪的几何图形呢？

维数概念的扩展，要归功于德国数学家费利克斯·豪斯多夫（F. Hausdorff，1868—1942）。豪斯多夫在 1919 年给出了维数新定义，为维数的非整数化提供了理论基础[5]。

"豪斯多夫！我读过他的故事。他后来是自杀的……"王二在三个朋友中年纪最小，急不可耐地插了几句。

"豪斯多夫是拓扑学的创始人。第二次世界大战开始后，纳粹当权，豪斯多夫是犹太人，但他认为自己做的是纯数学，在德国已经是令人敬重的大教授，应该可以免遭迫害。但是事非所愿，他未能逃脱被送进集中营的命运。他的数学研究，也被指责为属于犹太人的、非德国的无用之物。1942 年，他与妻子一起服毒自尽。"

不等王二说完，李四便抢着接下去："这是科学家不懂政治而造成的悲剧。不过，我们还是回到豪斯多夫的数学上吧。张三说得一点没错，因为变量的数目不可能是一个分数，因此，按照这种拓扑方法定义的维数，当然只能是整数喽！但是，分形的维数是用另一种方式定义的……"

李四说，其实，在分形这个名字中，就已经包含了分数维数的玄机。众所周知，经典几何学中，有一维的线、二维的面、三维的体。三维以内，有现实物理世界的物体对应，容易理解，维数大于三的时候，就需要应用一点想象力了，比如加上了时间的四维空间等。但是不

管怎么样,经典几何的维数总是一个整数,将经典的三维空间扩展想象一下,一维一维地加上去就可以了。而分形几何中的维数,却包含了分数维在内,这也就是分形名称的来源。

"如何定义和理解分数维呢? 首先,让我举几个例子,慢慢解释给你们听!"李四洋洋得意地看着两个师弟说。李四学的是物理,并且已经是大学四年级的学生,比两个朋友多读了几年书,讲起课来头头是道。

"在分形几何中,我们将拓扑方法定义的维数,扩展成用与自相似性有关的度量方法定义的维数。在 1.1 节中我们不是已经介绍过花菜的结构和分形龙的自相似性吗? 其实,经典整数维的几何图形,诸如一条线段、一个长方形、一个立方体,也具有这种自相似性,只不过,它们的自相似性太平凡而不起眼,被人忽略了而已。"

王二眨巴着大眼睛,不甚明白的模样:"你的意思是说:线、面、体……这些我们常见的整数维几何形状,也算是分形?"

李四点头:"当然,也应该是这样嘛。就像实数中包括了整数一样,扩展了的分形维数定义当然也包括了整数维在内。你听我先解释一下如何用自相似性来定义维数吧……

根据自相似性的粗浅定义:'一个图形的自身可以看成是由许多与自己相似的、大小不一的部分组成的',我们来观察普通整数维图形的度量维数。

比如说,如图 1.3.1 所示,(a)一条线段是由两个与原线段相似、长度一半的线段接成的;(b)一个长方形,可以被对称地剪成四个小长方形,每一个都与原长方形相似。也就是说,长方形自身可以看成是由 4 个与自己相似的、大小为四分之一的部分组成的;(c)一个立方体,则可以看成是由 8 个大小为自身八分之一的小立方体组成的。

仍然利用上面的图,用自相似性来定义的维数可以如此简单而直观地理解:首先将图形按照 $N:1$ 的比例缩小,然后,如果原来的

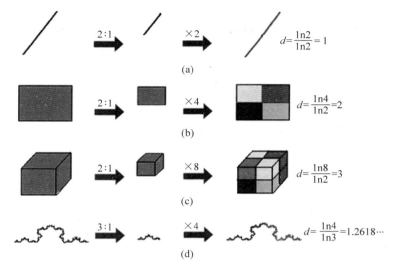

图 1.3.1　用度量方法定义的维数(彩图附后)

图形可以由 M 个缩小之后的图形拼成的话,这个图形的维数 d,也叫豪斯多夫维数,就等于:

$$d = \ln(M)/\ln(N) \tag{1.3.1}$$

不难看出,将上述方法用来分析直线、平面、空间,分别得到 $d=$ 1、2、3。见图 1.3.1 中的(a)、(b)、(c)。

现在,我们可以用同样的方法来分析科赫曲线的维数,就像图 1.3.1 中的(d)所示:首先,将科赫曲线的尺寸缩小至原来的三分之一;然后,用 4 个这样的小科赫曲线,便能构成与原来一模一样的科赫曲线。因此,根据公式(1.3.1),我们得到科赫曲线的维数 $d=$ $\ln(4)/\ln(3)=1.2618\cdots$,这就说明了,科赫曲线的维数不是一个整数,而是一个小数,或分数⋯⋯"

"等一等,我想用这个公式算算我这个分形的维数⋯⋯"张三一边用笔在本子上画着什么一边说。

1.4 再回到分形龙

两人看到张三本子上画的是下面的图形（图 1.4.1）：

图 1.4.1 谢尔宾斯基三角形

据张三介绍说，这是另一种很简单的分形，因波兰数学家瓦茨瓦夫·谢尔宾斯基（Wacław Franciszek Sierpiński，1882—1969）得名。谢尔宾斯基主要研究的是数论、集合论及拓扑学。他共出版了超过700 篇的论文和 50 部著作，在波兰的学术界很有威望（图 1.4.2）。

图 1.4.2 为纪念谢尔宾斯基发行的邮票和谢尔宾斯基奖章

张三说，他原来怎么也想不通维数为什么会是一个分数？后来，谢尔宾斯基三角形的生成过程使他有点开窍！

"你们看，这个分形可以用两种不同的方法产生出来：一种就是图 1.4.1 那种去掉中心的方法：最开始的第一个图形是个涂黑了的三角形，显然是个二维的图形。我们对它做的迭代变换就是挖掉它中心的三角形，成为第二个图，然后再继续挖下去……

开始我想，无论怎么挖，不都还是好多好多二维的小三角形吗？所以图形总是二维的……但后来，我在网上发现有另外一种方法，也能构成谢尔宾斯基三角形……"张三在本子上翻出另一张图(图1.4.3)给朋友们看：

图1.4.3 由曲线的迭代生成谢尔宾斯基三角形

这种方法是从图1.4.3中左边第一个曲线开始迭代,迭代无限次之后,最后也得到谢尔宾斯基三角形。而曲线是一维的,按照张三原来那种经典的想法,谢尔宾斯基三角形好像又应该是一维图形。所以张三发现：有些图形的维数不好用原来那种经典的方式来理解,当进行无穷次迭代后,几何图形的性质发生了质变,维数也不同于原来生成图形的维数了。看起来,谢尔宾斯基三角形的维数应该是一个介于1和2之间的数。但到底是多少呢？张三看见李四给出了一个计算分形维数的公式,便急于想要把这个分数算出来。

根据李四所解释的方法,张三从图1.4.1或图1.4.3右边的最后一个图计算分形维数。你们看：将图形按照2∶1的比例缩小,然后,用3个小图放在一起,就可以构成和原图一模一样的图形。因此,张三很快算出谢尔宾斯基三角形的豪斯多夫维数 $d = \ln3/\ln2 \approx 1.585$。

下面,我们再回头研究分形龙的维数。1.1节的图1.1.3描述了分形龙的自相似性。从图中看出：如果将分形龙曲线尺寸缩小为原来的一半之后,得到(b)图的小分形龙曲线。然后,将4个小分形龙曲线,分别旋转方向,成为如(c)图。最后,再按照(c)图中箭头所指的方向,移动4个小分形龙曲线,便拼成了与原来曲线一样的(a)图分形龙曲线。因此,如此可以证明,分形龙曲线的豪斯多夫维数为2,因为根据公式(1.3.1),$d = \ln4/\ln2 = 2$。

这儿又给出了一个具体例子：经过无穷次迭代之后,图形的性

质发生了质变,豪斯多夫维从一维变成了二维。也就是说,图 1.4.4 中,有限次迭代中的折线,无数次折叠的结果,使折线充满了二维空间,成为图中右边的二维图形。

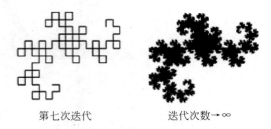

第七次迭代　　　　　　迭代次数→∞

图 1.4.4　有限次迭代到无限次迭代:维数从 1 变成了 2

有趣的是,如图 1.4.5 所示,分形龙图形的边界也是一个可以用迭代法产生的分形,现在我们来计算分形龙边界的豪斯多夫维数。

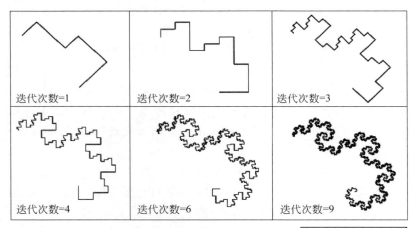

迭代次数=1　　　　迭代次数=2　　　　迭代次数=3

迭代次数=4　　　　迭代次数=6　　　　迭代次数=9

图中的分形龙边界曲线,可以用右图所示的变换生成:

图 1.4.5　分形龙边界构成的分形

由图 1.4.5 可知,整个分形龙曲线的边界是由四段相似的图形

组成的。这种分形的维数估算方法比较复杂一些,它的分形维数 d 可以通过解如下方程求得[3,6]:

$$2 \times 2^{(-3/2)d} + 2^{(-1/2)d} = 1 \Rightarrow d = 1.523627085$$

图 1.4.6 分形龙边界由四段自相似图形构成(彩图附后)

通过分形龙及其他几种简单分形,我们认识了分形,理解了分数维。分形几何是理解混沌概念及非线性动力学的基础,在现代科学技术中,有着广泛的应用。

1.5 大自然中的分形

归纳以上所述,分形是具有如下几个特征的图形:

(1) 分形具有自相似性。从上面两个例子可以看出:分形自身可以看成是由许多与自己相似的、大小不一的部分组成。

(2) 分形具有无穷多的层次。无论在分形的哪个层次,总能看到有更精细的、下一个层次存在。分形图形有无限细节,可以不断放大,永远都有结构。

(3) 分形的维数可以是一个分数。

(4) 分形通常可以由一个简单的递归、迭代的方法产生出来。

因为分形可以由一个简单的迭代法产生出来,计算机的发展为分形的研究提供了最佳环境。比如说,如果给定了不同的初始图形,不同的生成元,即迭代方法,利用计算机进行多次变换,就能很方便地产生出各种二维的分形来(图 1.5.1)。

初始图形 ⟶ 生成元

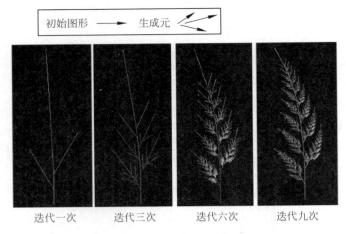

迭代一次　　迭代三次　　迭代六次　　迭代九次

图 1.5.1　计算机产生的树叶形分形图（彩图附后）

"等一等!"这次是王二在叫。他打断了正在向他们解释分形程序的张三,从书包里翻出一张照片给两个朋友看,兴奋地说:

"这是我去年暑假到峨眉山上拍的蕨类植物照片。你们看,右边图中的蕨类植物叶子,太像张三刚才用计算机迭代法画出来的分形了!"

三人比较了一下,王二的照片(图 1.5.2)和张三生成的图形的确很像。

蕨类植物的枝和叶

图 1.5.2　蕨类植物

"再等等！再等等！"王二又从书包里翻出更多的照片。说：

"让你们看看更多大自然的鬼斧神工！其实，美丽的分形图案在自然界到处都存在。我从小就喜欢自然之美，经常在动物植物的构造中发现些令人惊叹的图形，过去几年拍了不少有趣的照片。原来只觉得大自然太神奇了，现在才知道这就是分形……"

图 1.5.3 是王二的部分照片。其中有我们常见的花菜、天空中的闪电、贝壳的图案式结构，还有老树枯枝……

图 1.5.3 　大自然中的分形

王二很高兴今天在三人聚会中唱了主角，更高兴把分形的概念与他的生物专业联系起来了。他告诉朋友们，这几天，他研究这些照片和学到的分形知识后发现：就比较传统的欧几里得几何中所描述的平滑的曲线、曲面而言，分形几何更能反映大自然中存在的许多景象的复杂性。现在，当我们了解了分形几何后，看待周围一切的眼光都和过去不一样了。当我们仔细观察周围世界时，会发现许许多多类似分形的事物。比如连绵起伏的群山，天空中忽聚忽散的白云，小至各种植物的结构及形态，遍布人体全身纵横交错的血管，它们都或多或少表现出分形的特征。比如，山在我们眼中不再只是锥形；云在我们眼中不再只是简单的椭圆形状。在它们貌似简单的外表下，有

着复杂的、自相似的层次结构。如果说,欧氏几何是用抽象的数学模型对大自然作了一个最粗略的近似,而分形几何则对自然作了更精细的描述。分形是大自然的基本存在形式,无处不在,随处可见。

"我有一个问题"张三插嘴说:"不是说自相似性是分形的特点吗? 我这儿有几个计算机产生出来的图形的确是严格自相似的。还有你们看过的科赫曲线、谢尔宾斯基三角形,这些简单分形显然都符合自相似的条件。但是,王二给我们看的这些大自然的杰作,自相似性就不是那么严格了,这是怎么回事呢……"

李四笑了:"唉,张三不愧是学机械工程的,思考问题总是追求严格,可是,大自然并不是谁造出来的机器啊,其中的偶然因素太多了……"

"你们听过分形的老祖宗曼德勃罗的故事吧……"李四指着王二照片中有海岸线的那张,说起了更多有关分形的历史。

"尽管早在 19 世纪,许多经典数学家已对按逐次迭代产生的图形(如科赫曲线等)颇感兴趣,并有所研究。但有关分形几何概念的创立及发展,却是近二三十年以内的事。1973 年,美国 IBM 公司的科学家曼德勃罗(B. B. Mandelbrot)在法兰西学院讲课时,首次提出了分形几何的构想,并继而创造分形(fractal)一词。当时,曼德勃罗就是用海岸线作例子,提出一个听起来好像没有什么意思的问题:英国的海岸线有多长?

英国的海岸线到底有多长呢? 人们可能会不假思索地回答:只要测量得足够精确,总是能得到一个数值吧。答案当然取决于测量的方法及用这些方法测量的结果。但问题在于,如果用不同大小的度量标准来测量,每次会得出完全不同的结果。度量标准的尺度越小,测量出来的海岸线的长度会越长! 这显然不是一般光滑曲线应有的特性,倒是有些像我们在前面章节中所画的科赫曲线。你们来测量一下科赫曲线的长度吧! 看看图 1.2.1,如果把图(a)中曲线的长度定为 1 的话,图(b)、图(c)、图(d)中曲线的长度分别为:4/3、16/9 和 64/27,长度越来越长了,以至于无穷。这与用不同的标准来测量海岸线的情况类似。也就是说,用以测量海岸线的尺越小,测量出的长度就会越大,并不会趋向收敛于一个有限固定的结果。"

张三也表示明白了:"啊,原来海岸线的长度随着测量尺度的减小而趋于无穷!"

李四接着说,"张三刚才说的也没错,海岸线的确不同于我们上面所举的线性分形……"

不过事实上,海岸线与科赫曲线很相似。科学家们应用我们叙述过的估算分形维数的方法,以及逐次测量英国的海岸线所得的结果,居然算出了英国海岸线的分形维数,它大约等于 1.25。这个数字与科赫曲线的分形维数很接近。因此,英国海岸线是一个分形,任何一段的长度都是无穷。没想到吧,这真是一个令人吃惊的答案。

再一次的聚会中,李四又更深入地解释了张三那天提出的问题。他说,我们在前面几节中所讨论的分形例子,都是由线性迭代产生的。它们所具有的自相似性叫做线性自相似性。也就是说,将原来的图形,经过缩小、旋转、反射等线性变换之后,能再组合成原来的图形。除了这种由简单的线性迭代法生成的分形之外,还有另外两种重要的生成分形的方法:第一种与随机过程有关,即线性迭代与随机过程相结合;第二种是用非线性的迭代法。

自然界中常见的分形,诸如海岸线、山峰、云彩等,更接近于由随机过程生成的分形。有一种很重要的与随机过程有关的分形就是如图 1.5.4 所示的分形,叫做扩散置限凝聚(diffusion-limited aggregation)。这种分形模型常用来解释人们常见的闪电的形成及石头上的裂纹形态等现象。

要估算随机过程生成的分形维数,或者非线性迭代分形的维数,就不像计算线性分形维数那么简单了。

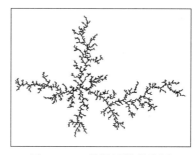

图 1.5.4　扩散置限凝聚图

1.6 分形之父的启示

最美丽,最令艺术家们着迷的分形大多数是用非线性迭代法产生的。例如,以数学家曼德勃罗命名的曼德勃罗图便是由非线性迭代方法产生的分形。

本华·曼德勃罗(Benoît B. Mandelbrot,1924—2010)算是美国数学家(图1.6.1),虽然他是出生于波兰的立陶宛犹太家庭的后裔,但12岁时就随全家移居巴黎,之后的大半生都在美国度过。曼德勃罗是一位成衣批发商和牙医的儿子,幼年时喜爱数学,迷恋几何,后来,他的研究范围非常广泛,他研究过棉花价格、股票涨落、语言中词汇分布等。从物理、天文、地理到经济学、生理学……都有所涉及。他一直在IBM做研究,又曾在哈佛教经济,在耶鲁教工程,在爱因斯坦医学院教生理学。也许正是这些似乎风马牛不相及、看起来没有交集的多个领域的研究经验,使他创立了跨学科的分形几何。

图1.6.1 曼德勃罗正在向公众演讲

1975年夏天,一个寂静的夜晚,曼德勃罗正在思考他在宇宙学研究领域中碰到的一种统计现象。从20世纪60年代开始,这种貌似杂乱无章、破碎不堪的统计分布现象就困惑着曼德勃罗。在人口分布、生物进化、天象地貌、金融股票中都有它的影子。一年前,曼德勃罗针对宇宙中的恒星分布(如康托尘埃)提出了一种数学模型。用这种模型可以解释奥伯斯佯谬,而不必依赖大爆炸理论。可是,这种新的分布模型却还没有一个名正言顺、适合它的名字! 这种统计模型像什么呢? 有些类似在1938年时,捷克的地理和人口学家Jaromír Korčák发表的论文《两种类型统计分布》中提到过的那种现象。曼德勃罗一边冥思苦想,一边随手翻阅着儿子的拉丁文字典。突然,一个醒目的拉丁词跃入他的眼中:fractus。字典上对这个词汇的解释与曼德勃罗脑海中的想法不谋而合:"分离的、无规则的碎片"。太好了,那就是些分离的、无规则的、支离破碎的碎片!分形(fractal)这个名词就此诞生了!

之后,曼德勃罗又研究和描述了曼德勃罗集合。他用从支离破碎中发现的"分形之美"改变了我们的世界观,他致力于向大众介绍分形理论,使分形的研究成果广为人知。由此,他被誉为 20 世纪后半叶少有的、影响深远广泛的科学伟人之一。1993 年,身为美国科学院院士的曼德勃罗获得沃尔夫物理学奖。

三个好朋友谈到了曼德勃罗 1975 年出版的《大自然的分形几何学》一书,这本书为分形理论及混沌理论奠定了数学基础。对学术界内外的读者来说,也是一本认识分形的好书。王二像朗诵诗歌一样念出书中的几句话[7]:

"云不只是球体,山不只是圆锥,海岸线不是圆形,树皮不是那么光滑,闪电传播的路径更不是直线。它们是什么呢?它们都是简单而又复杂的'分形'……"

李四笑着说:"别看现在我们将曼德勃罗称为'分形之父',当初他研究的那些零散、破碎的现象可不是什么热门的专业……"

难怪曼德勃罗经常自称是个学术界的"游牧民族"。他长期躲在一个不时髦的数学角落里,游荡跋涉在各个貌似不相干的正统学科之间狭隘的巷道中,试图从破碎里找到规律,空集中发现真理。据说曾有人对曼德勃罗的工作嗤之以鼻,认为他只不过是为分形起了个名字而已。这些所谓正统数学家们仰天一笑,说:"把他算什么家都可以,就是不能算数学家。"为什么呢?因为"翻遍他的大部分巨著,找不出一个像样的数学公式!"这些自命博学的专家们没有搞清楚,引领任何科学发展的,从来都是伟大的思想而不是繁琐的公式,即便数学也是如此。

后来,反例迅速发展成新学科,小溪逐渐融进了主流,分形几

何以及与其相关的非线性理论,影响遍及科学和社会的每个角落,甚至远远超越了数学、超越了学术界的范围。中国人说:"他山之石可以攻玉"。曼德勃罗不愧为"改变人类对世界认识的里程碑式人物"。他用分形几何这块小石头,敲遍了各门学科中与其相关的难攻之玉,这也可算是分形之父的故事给我们做学问之人留下的最大启迪。

著名的理论物理学家约翰·惠勒高度而精辟地评价曼德勃罗的著作:"今天,如果不了解分形,不能算是一个科学文化人",他又说:"自然的分形几何使我们视野开阔,它的发展将导致新思想,新思想又导致新应用,新应用又导致新思想……"犹如分形本身一样,随之产生的新思想和新应用将循环往复,层出不穷……

2010 年 10 月 14 日,曼德勃罗因胰腺癌在马萨诸塞州剑桥安然逝世,享年 85 岁。他离世之后,法国总统萨科齐称其具有"从不被革新性的惊世骇俗的猜想所吓退的强大而富有独创性的头脑"。

1.7　魔鬼的聚合物——曼德勃罗集

图 1.7.1 的曼德勃罗集可称是人类有史以来做出的最奇异、最瑰丽的几何图形,被称为"上帝的指纹"、"魔鬼的聚合物"。

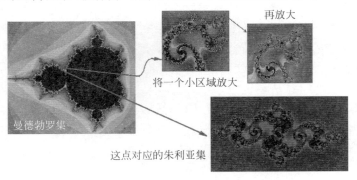

图 1.7.1　曼德勃罗集所形成的图形(彩图附后)

张三正在图书馆里的计算机旁,向他两个朋友介绍他编写的曼德勃罗集计算机程序。王二突然眼睛一亮,注意到一位身穿白色连衣裙的漂亮姑娘。王二知道姑娘名字叫林零,是个刚入学的音乐系新生。王二眼尖,一眼就看上了那姑娘脖子上松松系着的、一条耀眼的小丝巾,心中一动,走过去搭讪:

"林零,我叫王二。不好意思……能不能借用一下你围的丝巾?给我的朋友们看看,因为它的图案和我朋友刚才用计算机产生的图案太像了!"

"真的吗?"林零瞪着大眼睛,十分好奇,跟随王二走到计算机旁,见屏幕上的叫做"朱利亚集"的那张图的确和她围巾上的图案相似(图1.7.2)。这时,在图书馆读书的其他几个学生也围了过来,欣赏计算机生成的可以随意放大的美妙图形。不管把图案放大多少倍,好像总还有更加复杂的局部,图案结构变换无穷,有的地方像日冕,有的地方像燃烧的火焰。放大的局部既与整体不同,又有某种相似的地方。有人对张三说:"哇,你太神奇了,画出这么复杂的图形,程序很难写吧……"

图1.7.2 用曼德勃罗-朱利亚图形设计的丝巾图案(红线勾出的
图形与图1.7.1右下图的朱利亚集相似)(彩图附后)

可张三说,令人惊奇的是,这程序一点儿不难啊,几小时就完成了。因为实际上,这些美妙复杂变换无穷的图形只出自于一个很简单的非线性迭代公式:

$$Z_{n+1} = Z_n^2 + C \tag{1.7.1}$$

这个非线性迭代是什么意思呢?李四提议张三,在桌旁的黑板上,先给大家简单地介绍一下曼德勃罗集以及他的程序。

"公式(1.7.1)中的 Z 和 C 都是复数。我们知道,每个复数都可以用平面上的一个点来表示:比如,x 坐标表示实数部分,y 坐标表示虚数部分。开始时,平面上有两个固定点:C 和 Z_0,Z_0 是 Z 的初始值。为简单起见,我们取 $Z_0=0$,于是有:$Z_1=C$。我们将每次 Z 的位置用亮点表示。也就是说,开始时平面上原点是亮点,一次迭代后亮点移到 C。再后,根据公式(1.7.1),我们可以计算 Z_2,它应该等于 $C\times C+C$,亮点移动到 Z_2。再计算 $Z_3,Z_4,\cdots$,一直算下去。就像我们在前面几节中所说的用图形来作线性迭代一样。只不过这次迭代要进行复数计算,而且用到平方运算,不是线性的,因而叫做非线性迭代。

随着一次次的迭代,代表复数 Z 的亮点在平面上的位置不停地变化。我们可以想象,从 Z_0 开始,$Z_1,Z_2,\cdots,Z_k$,亮点会跳来跳去。也许很难看出它的跳动有什么规律,但是,我们感兴趣的是当迭代次数 k 趋于无穷大的时候,亮点的位置会在哪里?

说得更清楚些,我们感兴趣的只是:无限迭代下去时,亮点的位置趋于两种情形中的哪一个?是在有限的范围内转悠呢?还是将会跳到无限远处不见踪影?因为 Z 的初始值固定在原点,显然,无限迭代时 Z 的行为取决于复数 C 的数值。

这样,我们便可以得出曼德勃罗集的定义:所有使得无限迭代后的结果能保持有限数值的复数 C 的集合,构成曼德勃罗集。在计算机生成的图 1.7.1 中,右下图用黑色表示的点就是曼德勃罗集。"

这时,李四插进来解释了几句,有关张三提到的"无限":

"在计算机作迭代时,不可能作无限多次,所以实际上,当 k 达到一定的数目时,就当作是无限多次了。判断 Z 是否保持有限,也是同样的意思。当 Z 离原点的距离超过某个大数,就算作是无穷远了。"

王二和林零两人坐在计算机旁,正在好奇地将曼德勃罗图放大又放大。有人看着细微部分不停被放大的图像问张三:"你刚才说,图中的黑点属于曼德勃罗集,但我看到这些放大了的图中,黑点和非黑点都混在一起了啊,这个曼德勃罗集好像没有一条明确的界限嘛。"

李四笑了:"你说得太对了,曼德勃罗集的边界有着令人吃惊的复杂结构,看不到一条清晰的边界。属于曼德勃罗集合的点和非曼德勃罗集合的点,以很不一般的方式混合在一起,你中有我,我中有你,黑白一点也不分明。这也正是这种分形的特征……"

另一个人问:"那我还有一个问题,如果只是区分曼德勃罗集合和非曼德勃罗集合,黑、白两种颜色就够了,你这些五彩缤纷的各种颜色是怎么回事呢?"

张三便在黑板上解释各种颜色是怎么来的:"我们不是可以设定不同的 C 值,Z 从 0 开始作迭代吗? 如果在多次迭代(比如 64 次)后,Z 距离原点的距离 D 小于 100,我们认为这个 C 值属于曼德勃罗集合,便将这个 C 点涂黑色……而其他的各种颜色则可以表示无限迭代后的结果趋向无穷的不同层次。

比如,对最后的 Z 距离原点距离 D 大于 100 的那些 Z_0 点,可以这样涂颜色:

$500 > D > 100$,C 点涂绿色;

$1000 > D > 500$,C 点涂蓝色;

$1500 > D > 1000$,C 点涂红色;

$D > 1500$,C 点涂黄色……

这不就产生出各种颜色美丽的曼德勃罗图形来了吗?"

为了让同学们更方便研究和欣赏曼德勃罗集的分形之美,张三又给了他的生成程序所在的网址[B]。

1.8 朱利亚的故事

王二将曼德勃罗集的各个区域放大来放大去,却一直没有找到最开始张三给他们看的那个类似林零围巾的图案。后来还是林零提醒了他:"好像那个图不叫曼德勃罗集,叫什么朱利亚集……"(图1.8.1)

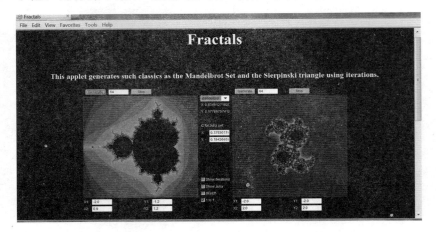

图 1.8.1   左侧图是曼德勃罗集,右侧是对应于曼德勃罗图形中
($x=0.379,y=0.184$)处的朱利亚集(彩图附后)

什么是朱利亚集呢?这次李四代替张三作介绍。

李四用鼠标在屏幕左边的曼德勃罗图形上随便点了一下[B],右边立刻出现了一个美丽的图形。李四告诉大家,这是对应于鼠标那个点的朱利亚集。然后,他将鼠标单击另外一个位置,右边的图形立刻变换了。鼠标每改变一个位置,图形就变换一个。

换句话说,曼德勃罗图形上的每一个不同的点,对应一个不同的朱利亚集,朱利亚集和曼德勃罗集是有密切关系的,它们互为"亲戚"。

那么,曼德勃罗图形上的每一个点是什么呢?这点我们在1.7节已经解释过了,它代表迭代公式(1.7.1)中不同的 C 值。因此,给

定一个 C,就能产生一个朱利亚集。的确,朱利亚集是用与曼德勃罗集同样的非线性迭代公式(1.7.1)产生的:

$$Z_{n+1} = Z_n^2 + C$$

不同的是,产生曼德勃罗集时,Z 的初值固定在原点,用 C 的不同颜色来标识轨道的不同发散性;而产生朱利亚集时,我们则将 C 值固定,用 Z 的初始值 Z_0 的颜色来标识轨道的不同发散性。

尽管朱利亚和曼德勃罗的名字总是连在一起,但他们却是不同时代的人。朱利亚是法国数学家(1893—1978)(图 1.8.2),比曼德勃罗要早上 30 年。曼德勃罗直到 2010 年才去世。两个人都活到 85 岁的高龄,曼德勃罗被誉为分形之父,成就广为人知。然而,早在曼德勃罗尚未出世之前,朱利亚就已经详细研究了一般有理函数朱利亚集合的迭代性质。

图 1.8.2 法国数学家朱利亚

朱利亚的一生喜忧参半,特别是在青年时代,可谓饱尝痛苦和艰辛。他出生于阿尔及利亚,8 岁时第一次进小学就直接入读 5 年级,很快便成为班上最优秀的学生,可谓神童才子。后来,18 岁的朱利亚获得奖学金到巴黎学习数学。但生活对这个年轻人来说不太顺畅,特别是后来,法国卷进了第一次世界大战,21 岁的朱利亚参加到一次战斗中,脸部被子弹击中,受了重伤,被炸掉了鼻子!

多次痛苦的手术仍然未能修补好朱利亚的脸部,他因此一直在脸上挂着一个皮套子。但后来他以顽强的毅力潜心研究数学,在医院病房的几年间完成了他的博士论文。1918 年是朱利亚灾难结束走好运的一年。这年,他 25 岁,在《纯粹数学与应用数学杂志》上发表了描述函数迭代、长达 199 页的杰作,因而一举成名。此外,这一年他与长期照顾他的护士玛丽安·肖松结婚,他们婚后育有 6 个孩子。

虽然朱利亚在数学的很多领域都有贡献,在几何分析理论等方面为世人留下了近两百篇论文、30 多本书,20 世纪 20 年代更以其对朱利亚集合的研究引起数学界关注,名噪一时。但不幸的是,过了几年,这个有关迭代函数的工作似乎完全被人们遗忘了,一直到了 20 世纪七八十年代,由曼德勃罗所奠基的分形几何及与其相关的混沌概念被广泛应用到各个领域之后,朱利亚的名字才随着曼德勃罗的名字传播开来。这类事情在数学及物理的发展史上屡见不鲜,就如黎曼几何因为广义相对论而被大家熟悉一样。

从朱利亚集的生成过程可以看出:对应于曼德勃罗集中的每一个点,都有一个朱利亚集。比如说,点击曼德勃罗集上的零点(对应的 C 值为 0),这时候作上述迭代产生的朱利亚集是个单位圆。

图 1.8.3 显示出不同的朱利亚集(周围 8 个小图)。它们分别对应于曼德勃罗集(中间的大图)中不同的点。

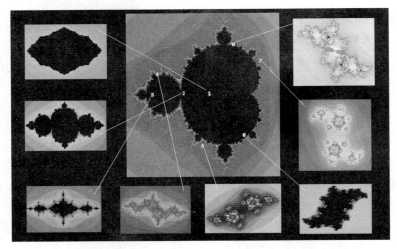

图 1.8.3　曼德勃罗集中不同的点对应不同的朱利亚集(彩图附后)

综上所述,我们了解了美妙的曼德勃罗集和朱利亚集图形的产生过程。这种非线性迭代法产生的分形不仅仅以其神秘复杂、变换多姿受到艺术家们的宠爱,博得数学及计算机爱好者们的青睐,也推动了与此紧密相关的混沌理论及非线性动力学的发展。以至于人们将后者誉为20世纪之内可与相对论、量子力学媲美的科学的第三次革命。20世纪90年代,学术各界,包括科技、艺术、社会、人文、几乎每个领域都有涉及分形的研究:股市专家们在市场的庞大数据中寻找自相似性,音乐家们要听听按照分形规则创造的旋律是否更具神秘感。

正如一句西方谚语所说:"在木匠看来,月亮也是木头做的。"每个人都用自己的方式来理解世界。各种专业对分形的认识也许大相径庭,但对这种新型科学的热情却是一致的。

王二和林零两人争抢着用鼠标在曼德勃罗集的图上点来点去,变换出好多漂亮的朱利亚图形,林零说要把这些图形存起来,寄给做服装设计的表姐看。坐一旁听李四讲朱利亚故事的张三若有所思,后来突然冒出一句毫不相干的话:

"李四,我想起来了,你那个去了美国的女朋友的名字不是也叫朱利亚吗?"

听朋友提到这个,李四眉头皱了一下,不过很快又舒展开来,微笑着说:

"那不同,这个朱利亚是姓。我原来女朋友的名字是叫朱珠,茱莉亚是她到美国后取的英文名。她出国后我们就分手了,这段感情已经成为过去。最近收到她一封长长的信,讲述她到美国后艰难奋斗的故事,我才逐渐理解了她……也可以说是,原谅了她吧……"

林零和王二都凑了过来,听李四讲述另一个茱莉亚的故事……

2 第二篇

奇哉混沌

Mystery of the Butterfly Effect
Fractals and Chaos

2.1 拉普拉斯妖

"很多文章中,分形总是和混沌连在一起,现在,我对分形好像学到了不少,但却还完全不知道混沌是什么啊?你们知道吗?"王二问两位师兄。

张三也说:"分形的确太奇妙了,特别是计算机产生的图像,真可算是一门特别的艺术!不过我还没有看出来它和我们学的科学有什么关系啊?"

李四快毕业了,正在准备考×教授的研究生,说那个×教授做的课题与混沌有关。因此,李四最近读了一些与分形以及混沌理论相关的书和文章:

"什么叫混沌?要用一个简单的方法来讲清楚混沌理论是很困难的。不过,我们的老祖宗早就使用混沌这个词来描述和表达古代中国人的宇宙观了:

'天地混沌如鸡子,盘古生其中。'

盘古开天地是我们十分熟悉的神话,无愧于中国几千年的文明,我们的祖先早就认识到我们有序的文明社会是诞生于混沌之中:'天地混沌如鸡子'有点像现代物理学所描述的宇宙大爆炸之初的世界。

不过,盘古开天地的故事只说了一半,说的是有关我们过去的那一半。就算宇宙的过去是天地混沌一片吧。宇宙的未来如何呢?预测未来总是比探讨过去更具诱惑力和实用性。不是吗?气象预报让你能未雨绸缪;预测股市的走向可能使你发大财;研究未来的学者文人颇受人尊重。还有那些张大师、李大师之流,也得靠自称有先知先觉的功能来蒙蔽人们,到处进行招摇撞骗。

我们将要解释的混沌理论,就与预测未来有点关系。

其实,科学的目的之一就是要解释世界,放眼未来。问题是这些'未来事件'在什么条件下可以被预测?在多大程度上可以被预测?先见之明者能有多远的眼光?预测的准确性又如何?常言道:'人有旦夕祸福,天有不测风云。'利用今后日新月异的科学技术,是否就能完全预知将要发生的'旦夕祸福'与'不测风云'以及未来的一切呢?这一类有关'将来'的问题,用现今学术的语言来说,叫做'研究一个动力系统的长期行为'。

1975 年,美国数学家约克和他的华裔研究生李天岩,将'混沌'这个词赋予科学的定义,用以描述某些系统长时期表现的奇异行为。因此,这里我们将讨论的混沌理论,有别于通常意义上的混沌,有别于盘古开天地时的混沌。它探索的课题,与'世界的可知/不可知'这类哲学问题有关……"

张三见李四好像准备要夸夸其谈地大谈哲学,耐不住了,说:"我可看不出来你讲的这些混沌哲学,与我们了解的分形有什么关系呢?"

李四叫他别急,慢慢听下去吧。

"刚才我们不是说过,混沌理论是研究一个动力系统的长期行为吗?你们应该还记得曼德勃罗图是怎么画出来的吧,那时我们考虑的不就是一个非线性方程在进行无限次迭代后,结果产生的不同行为吗?对于不同的初始值,无限次迭代后结果将不一样,有些跑到无穷远处,有些保持有限数值。在分形中,无限次迭代后的行为就相当于这里混沌理论中所说的长期行为啊!"

两个朋友有些开窍,王二兴奋起来:"啊,原来是这么回事!对,无限次迭代就是生物中的代代相传,有继承自相似性的遗传,也有因随机偶然因素引起的变异,一代又一代绵延下去……"

张三也有所领悟:"那么,我在写分形程序时所用的迭代方程,就相对应于混沌理论中所说的物理系统遵循的规律,比如说,牛顿定律?从牛顿定律也可能得出混沌吗……对了,听说有个三体问

题……"

"对啊！这就是为什么我们还得扯到牛顿那个时代，还得扯到哲学。"李四得意洋洋地继续讲下去。

我们的世界到底是决定的，还是非决定的？是可预测的，还是不可预测的？这一直是令古今中外的学者、哲人们困惑和争论的基本问题。三百多年前牛顿力学的诞生是科学史上的一个重要的里程碑。牛顿主义的因果律和机械决定论认为：世界是可以精确预测的。根据牛顿物理学，宇宙似乎可以被想象成一个巨大的机器，其中的每种事件都是有序的、规则的及可预测的。牛顿三大定律似乎放之四海而皆准，用于万物无不可。运动方程有了，只要初始条件给定了，物体的运动轨迹则应该完全可知、可预测，直到宇宙毁灭的那一天。

可以想象，这样一个决定论的、简单的、井井有条的、可预测的、似乎已经完美无缺的理论体系和世界图景是何等诱人，它使当年的科学界人士欢呼雀跃、陶醉不已。以至于连神学界主宰一切的上帝也想来插上一手。因此，牛顿力学的时代，宿命论、神秘主义甚嚣一时。天才的牛顿也未能免俗，认为造物主实在伟大非凡，造出的世界精妙绝伦、天衣无缝。因此，晚年的牛顿潜心研究神学。

牛顿走了，拉普拉斯来了。拉普拉斯也醉心于牛顿力学完美的理论体系，他把万有引力定律应用到整个太阳系，研究太阳系及其他天体的稳定性问题，被誉为"天体力学之父"。不过，和牛顿不一样，拉普拉斯并不将功劳归之于上帝，而是把上帝赶出了宇宙。

拿破仑看过拉普拉斯所写的《天体力学》一书之后，奇怪其中为何只字未提上帝。拉普拉斯自豪地说了一句话，令拿破仑目瞪口呆。拉普拉斯说："我不需要上帝这个假设！"

拉普拉斯不相信上帝的存在，却仍然坚信决定论。他不需要假设上帝存在而造出了宇宙，但他却假设有某个智能者，后人称之为"拉普拉斯妖"的东西，能完全计算出宇宙的过去和未来。当年的阿基米德对国王说："给我一个支点，我就能撬动地球！"拉普拉斯仿效

阿基米德的口气,对世人立下这样的豪言壮语:

"假设知道宇宙中每个原子现在的确切位置和动量,智能者便能根据牛顿定律,计算出宇宙中事件的整个过程!计算结果中,过去和未来都将一目了然!"(图 2.1.1)

图 2.1.1　宣称决定论的拉普拉斯

过去和未来,尽在拉普拉斯妖的掌控之中,这代表了拉普拉斯信奉的决定论哲学。

不可否认,决定论的牛顿力学迄今为止取得了、也必将继续取得辉煌的成就。它是人类揭开宇宙奥秘、寻找大自然秩序的漫漫长途上的第一个伟大的里程碑。它曾用简单而精确的计算结果,预测了海王星、冥王星的存在及其他天体的运动;又以普适而优美的数学表述,对各种地面物体的复杂现象做出了统一的解释。借助牛顿力学,人类发明了各类机械设备,设计了各种运载火箭,并把航天飞机送到了宇宙空间。纵观周围环绕我们的事物:穿梭于云层里的飞机、高速公路上飞驶的汽车、城市中高耸入云的摩天大楼、遍布全球的铁路桥梁,无一不包含着牛顿力学的功劳。

继拉普拉斯之后,19 世纪物理学发现的不可逆过程、熵增加定律等,已经使拉普拉斯妖的预言成为不可能。再以后,量子力学中的不确定性原理,亦称测不准原理,以及混沌理论所展示的确定性系统出现内在随机过程的可能性,更是给了决定论致命的一击。

任何理论都不无例外地有其局限性。20 世纪初期的量子物理和相对论的发展打破了经典力学的天真。相对论挑战了牛顿的绝对

时空观,量子力学则质疑微观世界的物理因果律。根据量子力学中海森堡的测不准原理,在同一时刻,你不可能同时获知某个粒子的精确位置和它的精确动量。你也不能分两步来测量,因为对于微观世界而言,测量本身就已经改变了被测量物的状态。所以拉普拉斯所需要的数据是不可能精确得到的,自然也不可能存在可以预知一切的物理学理论。

量子力学的规律揭示了微观世界的不可预测性,混沌理论则从根本上否定了事件的确定性,把非决定论推至成熟。混沌现象表明,避开微观世界的量子效应不说,即使在只遵循牛顿定律的、通常尺度下的、完全决定论的系统中,也可以出现随机行为。除了广泛存在的外在随机性之外,确定论系统本身也普遍具有内在的随机性。也就是说,混沌能产生有序,有序中也能产生随机的、不可预测的混沌结果。即使某些决定的系统,也表现出复杂的、奇异的、非决定的、不同于经典理论可预测的那种长期行为。

从另一个角度说,混沌理论揭示了有序与无序的统一、确定性与随机性的统一,使得决定论和概率论,这两大长期对立、互不相容、对于统一的自然界的描述体系之间的鸿沟正在逐步消除。有人将混沌理论与相对论、量子力学同列为 20 世纪的最伟大的三次科学革命,认为牛顿力学的建立标志着科学理论的开端,而包括相对论、量子物理、混沌理论三大革命的完成,则象征着科学理论的成熟。

2.2 洛伦茨的迷惑

李四洋洋洒洒地高谈阔论了一番,张三笑起来了,说李四犯了和他的物理界老祖宗们一样的毛病,把物理当成哲学了。物理毕竟不是哲学,叫李四还是讲一些具体点的东西吧,讲与×教授做的课题有点关系的。

李四扶正了戴着的深度近视眼镜,仍然不紧不慢,一边打开一本书,一边说:"这不马上就要进入到正题了吗——经典力学为何导出了决定论？混沌理论又是怎样证明一个决定论的系统也可以出现随机行为的呢？你们看，当我们翻开任何一本关于混沌数学的书，差不多都能看到与图 2.2.1 类似的图案。那是混沌理论的著名标签——洛伦茨吸引子[C]。"

图 2.2.1　洛伦茨吸引子[C]
（彩图附后）

"什么是吸引子啊？"王二问。

李四摸了摸大脑袋说："你的问题提得好啊，不过，吸引子这个题目超前了一点儿，以后再讲。今天，我先讲讲这个图的由来和洛伦茨的工作吧……"

爱德华·洛伦茨(1917—2008)是一位在美国麻省理工学院做气象研究的科学家。20 世纪 60 年代初，他试图用计算机来模拟影响气象的大气流。当时，他用的还是由真空管组成的计算机，那可是一个占据了整间实验室的庞然大物啊。那机器虽然大，计算速度还远不及人们现在用的这些电脑。所以，可想而知，洛伦茨没日没夜地工作，很辛苦。严谨的科学家不放心只算了一次的结果，决定再作一次计算。为了节约一些时间，他对计算过程稍微作了些改变，决定利用一部分上次得到的结果，省略掉前一部分计算。

因此，那天晚上，他辛辛苦苦地工作到深夜，直接将上一次计算得出的部分数据一个一个打到输入卡片上，再输入计算机中。好，一切就绪了，开始计算！洛伦茨这才放心地回家睡大觉去了。

第二天早上，洛伦茨兴致勃勃地来到 MIT 计算机房，期待他的新结果能验证上一次的计算。可是，这第二次计算的结果令洛伦茨大吃一惊：他得到了一大堆和第一次结果完全不相同的数据！换句话说，结果 1 和结果 2 千差万别！

这是怎么回事呢？洛伦茨只好再计算一次，结果仍然如此。又再回到第一种方法，计算后得到原来的结果 1。洛伦茨翻来覆去地

检查两种计算步骤,又算了好几次,方法 1 总是给出结果 1,方法 2 总是给出结果 2。两种结果大大不同,必定是来自于两种方法的不同。但是,两种方法中,最后的计算程序是完全一样的,唯一的差别是初始数据:第一种方法用的是计算机中存储的数据,而第二种方法用的是洛伦茨直接输入的数据。

这两组数据应该一模一样啊!洛伦茨经过若干次的检查和验证,盯着一个一个的数字反反复复看。啊,终于看到了。两组数据的确稍微有所不同,若干个数据中,有那么几个数字,被四舍五入后,有了一个微小的差别。

难道这么微小的差别(比如,0.000127)就能导致最后结果如此大的不同吗?洛伦茨百思不得其解。

图 2.2.2 中,显示的是与洛伦茨气象预报研究有关的结果。其中横坐标表示时间,纵坐标表示洛伦茨所模拟的,也就是想要预报的气候中的某个参数值,比如说,大气气流在空间某点的速度、方向,或者是温度、湿度、压力之类的变量等。根据初始值以及描述物理规律的微分方程,洛伦茨对这些物理量的时间演化过程进行数字模拟,以达到预报的目的。但是,洛伦茨发现,初始值的微小变化,会随着时间增加而被指数放大,如果初始值稍稍变化,就使得结果大相径庭的话,这样的预报还有实际意义吗?

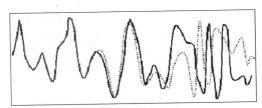

洛伦茨的两次计算结果

图 2.2.2 实线和虚线分别是洛伦茨的两次计算过程:初始值的微小差别,导致最后的结果完全不同[48]

王二似乎恍然大悟："啊,难怪气象台播的气象预报经常都不准,招来骂声一片,看来他们也有他们的苦衷啊!"

张三说:"图 2.2.2 这个曲线的意思比较容易理解,但是那个图 2.2.1 是怎么得来的呢? 我看它没完没了地绕圈圈,这与洛伦茨的气象预报计算有什么关系呢?"

李四说,慢慢听,当然有关系! 当时的洛伦茨虽然甚感迷惑,却未必意识到了这个偶然发现的重要性,也不一定能想到与此相关的混沌型解将在非线性动力学中掀起一场轩然大波。尽管如此,洛伦茨毕竟是一位数学方面训练有素的科学家。实际上,洛伦茨年轻时在哈佛大学主修数学,只是因为后来爆发了第二次世界大战,他才服役于美国陆军航空队,当了一名天气预报员。没想到经过战争中这几年与气象打交道的生涯后,洛伦茨喜欢上了这个专业。战后,他便改变方向,到 MIT 专攻气象预报理论,之后又成为 MIT 的教授。利用他的数学头脑,还有当时刚刚初露锋芒的计算机和数字计算技术,来更准确地预测天气,这是洛伦茨当时梦寐以求的理想。

可是,这两次计算结果千差万别,这种结果对初始值的分外敏感性给了洛伦茨的美好理想当头一棒! 使洛伦茨觉得自己在气象预报工作中似乎显得山穷水尽、无能为力。为了走出困境,他继续深究下去。然而,越是深究下去,越是使洛伦茨不得不承认他的"准确预测天气"的理想是实现不了的! 因为当他研究他的微分方程组的解的稳定性时,发现一些非常奇怪和复杂的行为。

洛伦茨以他非凡的抽象思维能力,将气象预报模型里的上百个参数和方程,简化到如下一个仅由三个变量及时间系数完全决定的微分方程组。

$$\mathrm{d}x/\mathrm{d}t = 10(y - x) \tag{2.2.1}$$

$$\mathrm{d}y/\mathrm{d}t = Rx - y - xz \tag{2.2.2}$$

$$\mathrm{d}z/\mathrm{d}t = (8/3)z + xy \tag{2.2.3}$$

这个方程组中的 x、y、z,并非任何运动粒子在三维空间的坐标,而是三个变量。这三个变量由气象预报中的诸多物理量,如流速、温度、压力等简化而来。方程(2.2.2)中的 R 在流体力学中叫做瑞利

数,与流体的浮力及黏滞度等性质有关。瑞利数的大小对洛伦茨系统中混沌现象的产生至关重要,以后还要谈到。

这是一个不能用解析方法求解的非线性方程组。洛伦茨设瑞利数 $R=28$,然后利用计算机进行反复迭代,即首先从初始时刻 x、y、z 的一组数值 x_0、y_0、z_0,计算出下一个时刻它们的数值 x_1、y_1、z_1,再算出下一个时刻的 x_2、y_2、z_2……如此不断地进行下去。将逐次得到的 x、y、z 瞬时值,画在三维坐标空间中,这便描绘出了图 2.2.1 的奇妙而复杂的洛伦茨吸引子图。

2.3 奇异吸引子

现在回到王二的问题:什么叫吸引子?或者说,什么叫动力系统的吸引子?还有张三的问题,那个图中绕圈圈的轨道是怎么回事?

我们首先得弄清楚"系统"这个概念。

什么是系统呢?简单地说,系统是一种数学模型。是一种用以描述自然界及社会中各类事件的,由一些变量及数个方程构成的一种数学模型。世界上的事物尽管千变万化,繁杂纷纭,但在数学家们的眼中,在一定的条件下,都不外乎是由几个变量和这些变量之间的关系组成的系统。在这些系统模型中,变量的数目或多或少,服从的规律可简可繁,变量的性质也许是确定的,也许是随机的,每个系统又可能包含另外的子系统。

由系统性质之不同,又有了诸如决定性的系统、随机系统、封闭系统、开放系统、线性系统、非线性系统、稳定系统、简单系统、复杂系统等一类的名词。

例如:地球环绕太阳的运动,可近似为一个简单的二体系统;密闭罐中的化学反应,可当成趋于稳定状态的封闭系统。每一个生物体,都是一个自适应的开放系统;人类社会、股票市场,则可作为复杂的、随机系统的例子。

无论是何种系统,大多数的情形下,我们感兴趣的是系统对时间的变化,称其为动力系统研究。这是理所当然的,谁会去管那种固定不变的系统呢?研究系统对时间变化的一个有效而直观的方法就是利用系统的相空间。一个系统中的所有独立变量构成的空间叫做系统的相空间。相空间中的一个点,确定了系统的一个状态,对应于一组给定的独立变量值。研究状态点随着时间在相空间中的运动情形,则可看出系统对时间的变化趋势,以观察混沌理论中最感兴趣的动力系统的长期行为。

状态点在相空间中运动,最后趋向的极限图形,就叫做该系统的吸引子。

换句通俗的话说,吸引子就是一个系统的最后归属。

举几个简单例子更易于说明问题。一个被踢出去的足球在空中飞了一段距离之后,掉到地上,又在草地上滚了一会儿,然后静止停在地上,如果没有其他情况发生,静止不动就是它的最后归属。因此,这段足球运动的吸引子,是它的相空间中的一个固定点。

人造卫星离开地面被发射出去之后,最后进入预定的轨道,绕着地球作二维周期运动,它和地球近似构成的二体系统的吸引子,便是一个椭圆。

两种颜色的墨水被混合在一起,它们经过一段时间的扩散,互相渗透,最后趋于一种均匀混合的动态平衡状态,如果不考虑分子的布朗运动,这个系统的最后归属——吸引子,也应该是相空间的一个固定点。

在发现混沌现象之前,也可以粗略地说,在洛伦茨研究他的系统的最后归属之前,吸引子的形状可归纳为如图 2.3.1(a)所示的几种经典吸引子,也称正常吸引子:

第一种是稳定点吸引子,这种系统最后收敛于一个固定不变的状态;第二种叫极限环吸引子,这种系统的状态趋于稳定振动,比如天体的轨道运动;第三种是极限环面吸引子,这是一种似稳状态。如图 2.3.1(a)所示,一般来说,对应于系统的方程的解的经典吸引子是相空间中一个整数维的子空间。例如:固定点是一个零维空间;

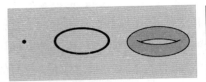

(a) 三种经典吸引子

(b) 奇异吸引子

图 2.3.1 经典吸引子和奇异吸引子

极限环是一个一维空间;而面包圈形状的极限环面吸引子则是一个二维空间。

钟摆是个简单直观的例子。任何一个摆,如果不给它不断地补充能量的话,最终都会由于摩擦和阻尼而停止下来。也就是说,系统的最后状态是相空间中的一个点。因此,这种情况下的吸引子是第一种:固定点。如果摆有能量来源,像挂钟,有发条或电源,不停下来的话,系统的最后状态是一种周期性运动。这种情况下的吸引子就是第二种:极限环。刚才所说的摆,都只是在一个方向摆动,设想有一个摆,如果除了左右摆动之外,上面加了一个弹簧,于是就又多了一个上下的振动,这就形成了摆的耦合振荡行为,具有两个振动频率。

王二反应快:"哦,明白了! 第三种,极限面包圈吸引子就是对应于好几个频率的情形。"喜欢自作聪明的王二得意地说。可是,张三却反驳道:

"好像不完全是这样。在大学一年级的普通物理中学过的,如果这两个频率的数值成简单比率的关系,也就是说,两个频率的比值是一个有理数,那在实质上仍然是周期性运动,吸引子仍是第二种:归于极限环那种。如果这两个频率之间不成简单比率关系,也就是说,比值是一个无理数,就是那种小数表达式包含无穷多位,并且没有重现的模式的数。当组合系统具有无理频率比值时,代表组合系统的相空间中的点环绕环面旋转,自身却永远不会接合起来。这样的系统看起来几乎是周期的,却永远不会精确地重复自身,被称作准周期的,但是,运动轨道总是被限制在一个面包圈上,这就应该对应于

图 2.3.1(a)中的第三种情形。"

总而言之,用上述三种吸引子描述的自然现象还是相当规则的。这些是属于经典理论的吸引子,根据经典理论,初始值偏离一点点,结果也只会偏离一点点。因此,科学家甚至可以提前相当长的时间预测极复杂的系统的行为。这一点是"拉普拉斯妖"决定论的理论基础,也是洛伦茨梦想进行长期天气预报的根据。

但是,从两次计算的巨大偏差,洛伦茨感到情况不妙,于是,才想到了把他的计算结果画出来。也就是将上一节中给出的 3 个方程(公式(2.2.1)~(2.2.3))中 x、y、z 对时间的变化曲线,画到了三维空间中,看看它到底是 3 种吸引子中的哪一种?

这一画就画出了一片新天地!因为洛伦茨怎么也不能把他画出的图形归类到任何一种经典吸引子。看看自己画出的图形,即图 2.3.1(b),洛伦茨觉得这个系统的长期行为十分有趣:似稳非稳,似乱非乱,乱中有序,稳中有乱。

这是一个三维空间里的双重绕图,轨线看起来是在绕着两个中心点转圈,但又不是真正在转圈,像张三所说的,方程解的轨道绕来绕去绕不出个名堂!因为它们虽然被限制在两翼的边界之内,但又绝不与自身相交。这意味着系统的状态永不重复,是非周期性的。也就是说,这个具有确定系数、确定方程、确定初始值的系统的解,是一个外表和整体上呈貌似规则而有序的两翼蝴蝶形态,而内在却包含了无序而随机的混沌过程的复杂结构。当时,眼光不凡的洛伦茨准确地将此现象表述为确定性非周期流。他的文章发表在 1963 年的《大气科学》杂志上。

2.4　蝴蝶效应

"图 2.3.1(b)中的洛伦茨吸引子,看起来就显然不同于那几个经典的。不属于经典理论的吸引子就叫做奇异吸引子,对吧?"张三问。

"对,但是我们还是得从数学上弄明白,奇异吸引子到底有哪些特别之处。我们在前一节中提到过:几个经典吸引子分别是0、1、2维的图形。那你们看看,下面图中这个画在三维空间的洛伦茨吸引子像是多少维呢?"

"多少维?"王二眼睛一亮,说:"这个维数一定是个分数?"

张三想了想说:"等等,这个图形的确像一个分形。但是分形的维数不一定就是分数。图形虽然复杂,但是看起来,每个分支基本上都还是在各自的平面上转圈圈。总共是两个平面,这个图形可能还是二维。有点类似于分形龙的图形那样,曲线绕来绕去,绕来绕去,最后充满一部分面积……所以我猜是二维。"

从前一章对分形的介绍中,我们已经知道:不仅有整数维的几何图形,也有分数维的几何形状存在。表现出混沌现象的系统的吸引子-奇异吸引子,就是一种分形。整数维数的吸引子(正常吸引子)是光滑的周期运动解,分数维数的吸引子(奇异吸引子)则是相关于非线性系统的非光滑的混沌解。图2.4.1所示的洛伦茨吸引子的曲线,只是象征性地显示了曲线的一部分。吸引子实际上是一个具有无穷结构的分形。如读者用本书最后给出的链接,找到洛伦茨吸引子程序,进一步观察,则会发现,状态点,也就是洛伦茨系统的解将随着时间的流逝不重复地、无限次数地奔波于两个分支图形之间。有数学家仔细研究了洛伦茨吸引子的分形维数,得出的结果是2.06 ± 0.01。

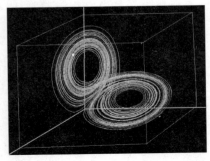

图2.4.1 洛伦茨吸引子是个2.06维的分形[c](彩图附后)

从奇异吸引子的形状及几何性质，我们看到了混沌和分形关联的一个方面：分形是混沌的几何表述。

奇异吸引子不同于正常吸引子的另一个重要特征是它对初始值的敏感性：前面一节中所说的三种经典吸引子对初始值都是稳定的，也就是说，初始状态接近的轨迹始终接近，偏离不远。而奇异吸引子中，初始状态接近的轨迹之间的距离却随着时间的增大而指数增加。

这就是为什么使得在数学上造诣颇深的洛伦茨迷惑的原因。因为他发现，用他的数学模型进行计算的结果大大地违背了经典吸引子应有的结论。因为给定初始值的一点点微小差别，将使得结果完全不同。这个敏感性体现在气象学中，就是说：计算结果随着被计算的天气预报的时间，成指数地放大，在洛伦茨所计算的两个月的预报之中，每隔 4 天的预报计算，差别就被放大一倍。因此，最后得到了显然不同的结果。

由此，洛伦茨意识到，"长时期的气象现象是不可能被准确无误地预报的"。因为，计算结果证明：初始条件的极微小变化，可能导致预报结果的巨大差别。而气象预报的初始条件，则由极不稳定的环球的大气流所决定。这个结论被他形象地称为"蝴蝶效应"，用以形容结果对初值的极其敏感。意思是说，只是因为巴西的一只蝴蝶抖动了一下翅膀，而改变了气象站所掌握的初始资料，3 个月之后，就有可能引发美国得克萨斯州一场 出乎意料的、未曾预报出的龙卷风（图 2.4.2）。用中国人的俗语来说，则叫做："差之毫厘，谬以千里。"

王二笑着说："好像也有人说，之所以称之为蝴蝶效应是因为洛伦茨吸引子的图看起来很像两个抖动的蝴蝶翅膀。不管怎么样，我喜欢这个名字，这个名字也启发了文学艺术家们无限的想象，产生出不少作品……"

洛伦茨吸引子是第一个被深入研究的奇异吸引子。洛伦茨模型是第一个被详细研究过的可产生混沌的非线性系统。

图 2.4.2 "蝴蝶效应"示意图

张三说："具有奇异吸引子的系统应该是比较少的特例吧？我记得在洛伦茨的方程组中有一个叫瑞利数的参数 R，当 $R=28$ 的时候，方程才有混沌解。在许多别的 R 值，哈哈，巴西的蝴蝶扇动不扇动翅膀是没关系的！"

可李四说，这是一个误解。其实，像洛伦茨发现的这类具有奇异吸引子的系统并非什么凤毛麟角的例外，而是自然界随处可见的极为普遍的现象，是经典力学所描述的事物的常规。然而，经典力学已建立三百多年，为什么经典系统的混沌现象却直到三十多年前才被发现呢？这其中的原因不外乎如下几点：一是人们的观念上总是容易被成熟的、权威的理论所束缚；二则又是与近二三十年来计算机技术的飞速进展分不开的。洛伦茨吸引子被发现之后，许多类似的研究结果也相继问世。有趣的是，各个领域的科学家还纷纷抱怨说他们早就观测到诸如此类的现象了。可是当时，或是得不到上司的认可，或是文章难以发表，或是自己以为测量不够精确，或是认为由于噪声的影响，等等。总而言之，各种原因使他们失去了千载难逢的第一个发现奇异吸引子、发现混沌现象的机会。

王二提出一个使他感到迷惑的问题："刚才说到,奇异吸引子的行为广泛地存在于经典力学所描述的现象中。这句话是什么意思啊? 奇异吸引子不是与经典吸引子不同吗?"

李四说："这儿,经典这个字用得有点混淆。本来,所谓经典物理,是指有别于量子物理而言。奇异吸引子与量子物理是两回事。比如说,洛伦茨得到的微分方程组是从经典物理理论、经典力学规律得到的方程组。既不是随机统计的,也与量子理论无关。但是,这种符合经典理论的方程却有混沌行为的解。"

奇异吸引子的行为广泛地存在于经典力学所描述的现象中,存在于各类非线性系统中。由于奇异吸引子和混沌行为是非线性系统的特点,这些发现,又将非线性数学的研究推至高潮。20 世纪的八九十年代,各门传统学科都在谱写自己的非线性篇章,即使在人文、社会学的研究系统中也发现了一批奇异吸引子和混沌运动的实例。因此,混沌理论的创立与牛顿的经典理论发生冲突,给了决定论致命的一击,拉普拉斯妖也无能为力了。

张三却仍然固执己见,说:"蝴蝶效应虽然说明了某些情况下,结果对初值非常敏感,但是,这并不等于就否定了决定论啊! 比如说到洛伦茨的天气预报吧,由于混沌现象的产生,目前的计算技术使它的误差在 4 天后增加一倍,但是如果将来计算机的速度加快、精度提高,对初始值也测量得更准确,就可能使得误差在 40 天或 400 天后,才增加一倍,这不就等于能准确预报了吗? 我觉得世界还是决定论的,只是计算及测量的精度问题……"

王二不同意,但却反驳不到点子上,他只是坚信决定论是不对的:

"怎么可能像拉普拉斯妖所说那样,这个世界,还有你、我、他,将来的一切都被决定了呢? 我们三个人此时此刻说的每一句话都在大爆炸的那个时刻就决定了,这听起来太荒谬绝伦了吧。事情的发展有太多偶然因素,不可能都是命中注定的……"

张三大笑:"你那天不是还在朗诵一首诗,说林零是你命中注定

的爱人吗……"

王二急了:"唉,你不懂,那是情感的宣泄、文学的东西……不是科学……"

李四则认为,数学解决不了决定论还是非决定论的问题。就物理学的角度而言,起码有两点证据不支持决定论。一是已经有一百多年历史的量子理论的发展。量子物理中的不确定原理表明:位置和动量不可能同时确定,时间和能量也不可能同时确定。因此,初始条件是不确定的,永远不可能有所谓的"准确的初始条件",当然,结果也就不可能确定。这是其一。

另外,经典的物理规律,大多数都是用微分方程组的数学模型来描述的。建立微分方程的目的,本来就是为了研究那些确定的、有限维的、可微的演化过程。因此,微分方程的理论是机械决定论的基础。但是,微分方程组不一定就真是描述世界所有现象的最好方法,事实上,在牛顿力学以外的许多物理现象,不能只用微分方程来研究,而对大自然中广泛存在的分形结构、物理中的湍流、布朗运动、生命形成过程,等等,微分方程理论也是勉为其难,力不从心。既然作为决定论基础的微分方程并不能用来解决世界的许多问题,"皮之不存,毛将焉附"。基础没有了,决定论失去了依托,拉普拉斯妖还有话说吗?恐怕只能躲在天国里唉声叹气了!

2.5 超越时代的庞加莱

20世纪70年代,当种种学科的非线性研究汇成一股洪流时,人们才认识到对此领域早已有先驱者捷足先登。科学界对此课题的研究,可追溯到1890年法国数学家庞加莱为解决天体力学中的三体问题所做的工作。

李四摸了摸大脑袋,对张三说:"你不是正在上一门天体力学的课吗?也听过三体问题吧?你先简单介绍介绍天体力学和其中的三体问题吧。"

张三说,他还刚学,知道得不多哦,就算抛砖引玉吧。讲到天体力学,只好还是回到牛顿力学时代啦。也许还要追溯到更早一些,其实,对天体运动的观测和研究,可算是人类最早期从事的科学活动。远在公元前一两千年,中国和其他文明古国就开始用太阳、月亮等天体的运动来确定季节、研究天象、预报气候。后来的事你们是都知道的:哥白尼 1543 年提出日心说,这个学说打击了教会,哥白尼因此而受到迫害,之后的布鲁诺因宣扬日心说被教会活活烧死。开普勒比较幸运,碰到了一个好老师第谷。第谷将他几十年辛苦得来的大量行星观测资料,毫不保留地全给了开普勒,这样,才有了著名的开普勒行星运动三大定律。牛顿在开普勒定律的基础上,总结出了经典力学著名的牛顿三大定律。

再后来,开普勒走了,牛顿走了,拉普拉斯也走了。几位大师创立了天体力学,但也留下了有关天体运动的种种问题和困难。唉,我也讲个古老的故事吧……

故事发生在一百多年前的瑞典。瑞典对现代科学技术的发展做出了卓越的贡献,每年由瑞典国王颁发的各项诺贝尔奖就是其中一例。人们现在都知道,科学界有诺贝尔奖,电影界有奥斯卡奖。但可能却很少人知道,也曾经有一个颁发给数学家的奥斯卡奖哦!那是在 1887 年,也就是诺贝尔刚发明了无烟炸药的那一年,瑞典有位开明而又喜爱数学的国王——奥斯卡二世,他当时赞助了一项现金奖励的竞赛,征求对 4 个数学难题的解答。其中第一个是有关于太阳系的稳定性问题。太阳系的稳定性问题早就被牛顿提出。有些人忧心忡忡,陷入了杞人忧天的困境,经常有人设想出一些无法挽救的、灾难性的后果。比如说:担心月亮某一天是否会朝地球猛撞过来,或者地球将会逐渐不断地靠近太阳,或者不断地远离太阳,那样,人类则将因热死或冷死而灭亡。

拉普拉斯深入研究过这个问题并得出结论,认为太阳系作为整体来说是一个稳定的周期运动系统。然而,拉普拉斯的结论并没有消除人们以及国王奥斯卡二世心中的疑虑,当他准备庆祝他的 60 岁

生日之际,他的科学顾问(Gösta Mittag-Leffler)建议他用 2500 瑞典克朗的奖金悬赏,征求这个困难问题的答案。

那个时代的物理学家们热衷于观测和研究天体,喜欢计算遵循牛顿万有引力定律而互相吸引的多个天体将如何运动。物理学家们将此类问题称为 N 体问题。瑞典国王悬赏 N 体问题的答案,实际上就是欲从数学上来探索太阳系的稳定性。当 N=1 时,答案是显而易见的,不受其他任何作用的 1 个物体,最后将归于静止或匀速直线运动。对于 N=2 的情况,也就是二体问题,在牛顿时代就已被基本解决。两个相互吸引的天体的轨道运动方程可以精确求解,得到各种圆锥曲线。比如,对太阳地球的近似二体系统,地球将绕着太阳作椭圆运动。

但是,实际存在的太阳系,并不是只有太阳和地球,而是一个由太阳及数个行星及其他许多物体构成的 N 体系统。牛顿力学在解决二体问题上打了大胜仗,对三体问题却是困难重重。多于三体时的解答,就更是望尘莫及了。

一年后,这笔奖金颁发给了 33 岁的数学家,当时已经是法国科学院院士的庞加莱。

昂利·庞加莱(Henn Poincare,1854—1912)被公认是 19 世纪末和 20 世纪初的领袖数学家(图 2.5.1),是继高斯之后对数学及其应用具有全面知识的最后一个人。

庞加莱出生于法国东北部一座小城,父亲是一名医生,家族中不乏名人,包括他的一位堂弟,是曾经多次出任法国总理、带领法国度过第一次世界大战的总统雷蒙·庞加莱。

小时候的昂利·庞加莱体弱多病,手脚不便,运动神经失调,后又因患上白喉而严重影响了视力,可以说是个身体有缺陷的孩子。实际上,庞加莱直到 58 岁去世,一直未

图 2.5.1 庞加莱

能逃离疾病的阴影,长期不断地与病魔作不懈的斗争。在生命的最后几年,尽管庞加莱仍然活跃于科学界,但健康状况每况愈下,曾经两次做前列腺手术。就在接受第二次手术的一星期之前,他还为法国道德教育联盟召开的成立大会作演讲,庞加莱在讲话中激动而感慨地总结他自己一生的奋斗经验,说出一句肺腑之言:"人生,就是持续的斗争!"。没想到手术之后不到十天,这位天才的数学领袖人物便丢下他为之鞠躬尽瘁的数学理论,驾鹤西去了。

也许正是由于太差的身体状况,更促成了天才庞加莱的智力发展。人们没想到这个看起来稍矮微胖、金色胡须、大红鼻子、"体格笨拙,艺术无能"、"心不在焉,不修边幅"的人,在数学物理的许多方面,都做出了不凡的成就。

庞加莱的最大特点是他对数学物理各个领域的眼光和见识。他开创微分方程解的定性研究、奠基拓扑学,提出几十年后才被人证明了的庞加莱猜想、不动点定理等。据说他不关心严格性,以直觉立论,忽视细节,不喜欢严密逻辑,认为逻辑无创造性,限制思想。庞加莱就像是一只辛勤的蜜蜂,在数学和理论物理的花园里飞来飞去,采集百花之精华,酿成最甜美、最富营养价值的蜂蜜,呈现给后人。

这里插上一段令人遗憾、又令人费解的史话:为什么不是庞加莱第一个创立了狭义相对论?

早于爱因斯坦,庞加莱在 1897 年发表了一篇文章 *The Relativity of Space*(《空间的相对性》),其中已有狭义相对论的影子[8]。1898 年,庞加莱又发表《时间的测量》一文,提出了光速不变性假设。1902 年,庞加莱阐明了相对性原理。1904 年,庞加莱将洛伦兹给出的两个惯性参照系之间的坐标变换关系命名为"洛伦兹变换"。再后来,1905 年 6 月,庞加莱先于爱因斯坦发表了相关论文:《论电子动力学》[9,10]。

一百多年后的今天,很难对此作出一个公正的评价。尽管当时的庞加莱已经走到了狭义相对论的边缘,他谈到了相对性原理,他深刻理解同时性的问题所在,他分析研究发展命名了洛伦兹变换群,他

作出了不同惯性系中物理定律不变的假设。数学论证齐全,万事已经具备,但是,庞加莱始终未放弃"以太"的存在,把这一切都认为是物质在一个静止以太的框架中运动的结果[11,12]。

难道是因为庞加莱当时已经年近半百,没有了年轻物理学家的那股狂热劲?难道是因为他从小体弱多病而养成了凡事小心谨慎的习惯,形成了性格上的弱点,使他在革命性的新物理理论之前胆怯而畏缩不前?难道因为庞加莱是天才的数学家,但不是正统物理学家,缺乏对相对论这个革命理论物理意义的深刻认识?(图 2.5.2)

图 2.5.2　庞加莱与爱因斯坦在第一次索尔维会议上有一面之交。图中庞加莱和居里夫人正讨论问题,站在右后的爱因斯坦,似乎很关注他们讨论的内容

(Source:Solvay Congress 1911)

2.6　三体问题及趣闻

话说回来,在 19 世纪初,狭义相对论和量子力学掀起物理学革命的那几年,爱因斯坦正年富力强,精力充沛,而庞加莱却是疾病缠身,心力交瘁。庞加莱又肩负着数学领袖的重任,数学中有太多太多

的由他提出、而又尚未证明的猜想和定理,占据了他的大部分时间和精力。想必他也无暇去顾及更多有关狭义相对论的问题了。

的确,作为一个数学家,庞加莱一生所系、不断思考、至死念念不忘的,还是数学问题,是由他始开先河的微分方程定性理论研究和代数拓扑学。因此,让我们在本节中,还回到当年的三体问题,以及庞加莱为解决三体问题而发展的数学。这其中蕴涵着庞加莱最重要的创新:把握定性和整体的拓扑思想。

国王奥斯卡二世用以悬赏 N 体问题的奖金数额不算很多,但全世界的数学家们仍然趋之若鹜,为什么呢?因为能够获此奖项将是一个莫大的荣誉,再则,所悬赏的 N 体问题本来就是数学上一个极为重要、有待解答的问题。

二体问题早在牛顿时代已被完满解决,三体问题仍然悬而未决,一直是人们关注的焦点。1878 年,美国数学家希尔(1838—1914)发表文章[13],论证月球近地点运动具有周期性。希尔的工作引起庞加莱对三体问题发生了极大的兴趣。庞加莱本来就一直在研究这个问题,因此,国王的悬赏对他而言正中下怀,来得正是时候。这送上门来的名利双收的机会,何乐而不为呢?

根据牛顿的万有引力定律,学过高中物理的学生都不难列出三体问题的运动方程,它是含有 9 个方程的微分方程组。但是,求解这个方程则是难上加难,并不存在一般条件下的精确解。庞加莱首先采取了希尔的办法,将此问题简化成了所谓"限制性三体问题"。

限制性三体问题是三体问题的特殊情况。当所讨论的三个天体中,有一个天体的质量与其他两个天体的质量相比,小到可以忽略时,这样的三体问题称为限制性三体问题。首先,我们把小天体的质量 m 看成无限小,就可以不考虑它对两个大天体的作用。这样,两个大天体便按照开普勒定律,绕着它们的质量中心作稳定的椭圆运动(不考虑抛物线和双曲线的情形)。然后,我们再来考虑小天体的质量 m 有限时,在两个大天体 m_1 和 m_2 的重力场中的运动。也就是说,我们将小天体对大天体的作用忽略不计,只考虑大天体对小天体的吸引力。如此一简化,原来的 9 个微分方程组变成了只有 3 个变量的微分方程组。

例如,当初的希尔就是用更简化了的平面圆形限制性三体问题来研究月球的运动。他略去了太阳轨道偏心率、太阳视差和月球轨道倾角,得到了月球中间轨道的周期解。如今,航天科学家们常用限制性三体问题,研究在月球、地球引力的作用下,人造卫星、火箭及各种飞行器的运动规律。

即使简化成了 3 个微分方程,只有 3 个变量,也仍然无法求出精确解呀。庞加莱意识到,要解决问题必须想出新的办法,总不能在一棵树上吊死。既然无法求出精确解,就放弃寻找精确解的努力好了。于是,庞加莱开始定性地研究解的性质。也就是说,从 3 个微分方程出发,用几何的方法,从整体上设法了解可能存在的各种天体轨道的性质和形态。这样,庞加莱为微分方程定性理论的研究铺平了道路。

如图 2.6.1 所示,庞加莱企图定性地研究包括小尘埃和两个大星球的限制性三体问题。这种情形下,两个大星球的二体问题可以精确求解,大星球 1 和大星球 2 相对作椭圆运动。庞加莱需要定性描述的只是小尘埃在大星球 1 和大星球 2 的重力吸引下的运动轨迹。

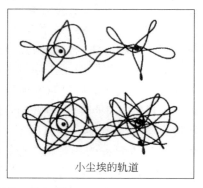

限制性三体问题:小尘埃的质量相较于两个大星球来说可以忽略不计,实际上是先解大星球的二体问题,即认为它们相对作椭圆运动。然后再考虑小尘埃的运动。即使如此简化,小尘埃的轨道仍然非常复杂

小尘埃的轨道

图 2.6.1　限制性三体问题

庞加莱运用渐近展开与积分不变性的方法,定性研究小尘埃的轨道。他深入研究小尘埃在所谓同宿轨道和异宿轨道(相当于奇点)附近的行为,但一直没有得到令他满意的结果,最后不得不在 1888 年 5 月,比赛截止之前提交了他的论文。国王悬赏的评审团成员是当时三位鼎鼎有名的数学家:法国数学家埃尔米特(Charles Hermite,Hermitian 矩阵以他的名字命名)、德国数学家卡尔·魏尔斯特拉斯及他的学生瑞典数学家米塔-列夫勒。尽管庞加莱并没有完全满足奥斯卡二世悬赏的要求,没有解决 N 体问题,但他的 160 页的文章仍然令评审团的三位数学巨匠兴奋无比。他们认为庞加莱对三体问题的研究取得了重大突破,太阳系的相对稳定得到确认。维尔斯特拉斯在给米塔-列夫勒的信中写道:"请告诉您的国王,这个工作不能真正视为对所求的问题的完善解答,但是它的重要性使得它的出版将标志着天体力学的一个新时代的诞生。因此,陛下预期的公开竞赛的目的,可以认为已经达到了。"

于是,国王高兴地把奥斯卡奖——2500 瑞典克朗和一枚金质奖章授予了庞加莱。

在 1889 年冬天,评审团准备将庞加莱的论文在数学杂志上发表。文章已经印好,而且送到了当时最有名的一些数学家那里。就在这时,负责校对的一位年轻数学家发现文章中有一些地方的证明不够清楚,建议庞加莱增加一段解释作为补充材料。于是,庞加莱开始重新深入研究这一部分。

庞加莱越是深入研究小尘埃的轨道在奇点附近的性质形态,发现的问题就越多。情况有些类似于八十多年后 MIT 的气象学家洛伦茨所面对的困境。当然,他没有洛伦茨那么幸运,能在计算机的屏幕上显示奇异吸引子的曲线。但是,庞加莱却以他惊人的思维和想象能力,在自己的头脑里构造出了限制性三体问题的某些奇特解的雏形。从解的奇怪行为中,庞加莱看到了当今人们所说的混沌现象。不过,受到当时的经典世界观的局限,庞加莱还未能完全理解得到的结果,他只能迷惑而感叹地说了一句:"无法画出来

的图形的复杂性令我震惊!"(图2.6.1右图)

既然解的图形复杂得无法画出来,庞加莱意识到,在原来的论文中,不仅仅是像那个年轻人所说的那种"证明不太清楚"的小问题,而是包含着一个错误。于是,他赶紧通知米塔-列夫勒,收回已经印出的杂志并予以销毁。同时,庞加莱大刀阔斧地修改和赶写论文。一直到第二年——1890年的10月,庞加莱长达270页的论文的新版本才重新问世。

庞加莱坚持自己支付了印刷第一版的费用:3585瑞典克朗,这个数目大大超过了一年之前他得到的奖金。作为题外话,还有一件遗憾之事:几年前有报道说,有人从庞加莱的孙子家里,偷走了当初庞加莱赢得的那枚金质奖章。所以,对这次悬赏活动,庞加莱是倒赔了1000多克朗,留给后代的金质奖章也不翼而飞。当然,对数学大师而言,区区金钱和奖章算什么呢?庞加莱庆幸对论文作了这个重要的修正。并且,正是这个错误,使得庞加莱对方程的解的状况重新研究和思考,改正了他的一个稳定性定理,最终导致了他对同宿交错网的发现。

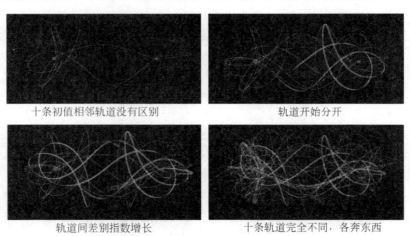

十条初值相邻轨道没有区别　　　　　　　　轨道开始分开

轨道间差别指数增长　　　　　　　十条轨道完全不同,各奔东西

图2.6.2　限制性三体问题:初值有微小差别的十条轨道随时间的演化过程
　　　　　　(彩图附后)

庞加莱发现,即使对简化了的限制性三体问题,在同宿轨道或者异宿轨道附近,解的形态会非常复杂,以至于对于给定的初始条件,几乎是没有办法预测当时间趋于无穷时,这个轨道的最终命运。而这种对于轨道的长时间行为的不确定性,这也就是我们现在称之为混沌的现象[D]。(图 2.6.2)

2.7　生态繁衍和混沌

"生命的诞生和消亡,生儿育女,生老病死,是人人都关心的问题。你们没想到吧,这也和混沌沾上了边……"

在一个小教室里,王二开始了他对生物繁衍中的混沌现象的介绍。一年多的时间过去了,三个朋友之间的"分形和混沌"讨论会已经扩展到了十几个人,他们多数是大学生,也有几个研究生,比如李四和张三。

中国人对马尔萨斯的名字并不陌生,对他的"人口论"更有切身的体会。托马斯·马尔萨斯 1766 年出生于一个富有的英国家庭,父亲丹尼尔是位哲学家,与著名法国哲学家卢梭是好朋友。没想到丹尼尔这个乐观的学者却生出了托马斯这个对世界前景充满悲观论调的人口学家。1798 年,托马斯·马尔萨斯发表他著名的《人口学原理》,对人类作出一个悲观的预言:人口将以几何级数、超越食物的算术级数增长,因而,最后将必然导致战争、瘟疫、饥荒等人类的各种灾难。

马尔萨斯的人口论基于一个很简单的公式:

$$X_{n+1} = (1+r)X_n = kX_n \qquad (2.7.1)$$

式中的 X_{n+1} 代表第 $n+1$ 代的人口数,X_n 代表第 n 代的人口数,$r=(X_{n+1}-X_n)/X_n$,是人口增长率。$k=1+r$ 通常是一个大于 1 的数,因而,人口数便以 k 的幂级数增长。我们假设迭代次数以年计算,有了这个公式,从某年一个初始的人口数出发,便可以推算出下一年、

再下一年、再再下一年的人口数来。

这儿,马尔萨斯犯了一个错误,他把各种灾难作为人口增长之后的结果来处理。而实际上,战争、瘟疫和饥荒是伴随着人口繁衍而同时发生的,必须在方程中就将这些因素考虑进去。因此,后来的学者们对这个理论进行了修正,在式(2.7.1)的右方加上了一个负的平方修正项,变为:

$$X_{n+1} = kX_n - (k/N) \cdot (X_n)^2 \qquad (2.7.2)$$

这个非线性修正项则是反映了诸如食物来源、疾病、战争等生存环境因素对人口的影响,负号表明这种制约导致下一代人口 X_{n+1} 的减少。这就是生态学中著名的逻辑斯蒂方程,它不仅仅可用于"人口"的研究,也可用于对其他生物繁衍、种群数量,诸如"马口"、"鸟口"、"虫口"等的研究。式(2.7.2)也可改写成:

$$x_{n+1} = kx_n - k(x_n)^2 = kx_n(1-x_n) \qquad (2.7.3)$$

式(2.7.3)中,我们将大写的 X 变换成了小写 x,用以表示相对人口数:$x = X/N$,N 是最大人口数。

从式(2.7.3)明显地看出,下一代的 x_{n+1},是上一代的 x_n 和 $(1-x_n)$ 的乘积。当 x_n 增大时,$(1-x_n)$ 则减小,因而逻辑斯蒂方程同时考虑了鼓励和抑制两种因素。此外,由于式(2.7.2)中的第二项是个非线性项,听到"非线性"这个词,你们就要小心啊!非线性的效应使得方程中暗藏了"混沌"这个魔鬼。

"不过没关系,道高一尺,魔高一丈。曾记否?我们有计算机,那是能让混沌魔鬼现出原形的照妖镜……"王二对递给他矿泉水的林零笑了笑,插了句玩笑话后,继续他的演讲。

计算机技术寻找"混沌"魔鬼,的确功不可没。20世纪70年代,继洛伦茨之后,各个领域的人们都开始注意用计算机研究混沌现象,寻找各种非线性方程的奇异吸引子。那时,英国有个罗伯特·梅,来到美国普林斯顿大学,他看上了生态学中这个既简单而又非线性的逻辑斯蒂方程。

罗伯特·梅(图 2.7.1)1938 年生于澳大利亚悉尼,是个在各个领域涉猎甚广的科学家。他最开始学的是化学工程,后来转向理论物理。作为一个理论物理博士和教授工作多年之后,罗伯特·梅对理论生态学、人口动态研究、生物系统的复杂性及稳定性等问题发生了浓厚的兴趣。因此,他在普林斯顿大学任教期间(1973—1988),研究方向便完全转向了生物学。

图 2.7.1　澳大利亚出生的英国生态学家罗伯特·梅

罗伯特·梅将逻辑斯蒂方程用来研究昆虫群体的繁殖规律。不过,他并不是简单地跟随气象学家洛伦茨的脚步,画出逻辑斯蒂方程的奇异吸引子而已。他的研究有他的独到之处,他感兴趣的是式(2.7.2)~式(2.7.3)中的参数 k。罗伯特·梅发现,参数 k 的数值大小决定了混沌魔鬼出现或者不出现!当 k 值比较小的时候,混沌魔鬼销声匿迹无踪影,只有当 k 大到一定的数值时,混沌魔鬼才现身。

罗伯特·梅于 1976 年,在英国《自然》杂志上发表了他的研究成果——《表现非常复杂的动力学的简单数学模型》[14],论文引起学术界的极大关注,因为它揭示出了逻辑斯蒂方程深处蕴藏的丰富内涵,这已经远远超越了生态学的领域。

现在,让我们更直观地解释一下方程(2.7.3)和图 2.7.2 的意义,看看方程(2.7.3)是否具有混沌魔鬼的行为。请注意,这里所说的行为是指长期行为。也就是说,我们需要研究的是:用方程(2.7.3)作迭代,当迭代次数趋于无穷时,群体数的最后归宿,是经典的还是混沌的?图 2.7.2 中的绿色曲线,是罗伯特·梅的研究结果。他用绿色曲线画出了最后的相对群体数 $x_{无穷}$ 随着 k 的增大而变化的情形。$x_{无穷}$ 是当 n 趋于无穷时 x_n 的极限。图 2.7.2 中下面 4 个小图,则是在一定的 k 值下作迭代的过程。必须注意,在方程(2.7.3)

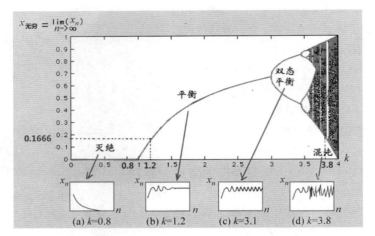

图 2.7.2　对应于不同的 k 值，逻辑斯蒂方程解的不同长期行为（彩图附后）

及图中的 x_i 是相对群体数，可以把它规定为是相对于一个最大的群体数 N 而言，比如，我们可以取 $N=10000$，群体数的初值取为 1000，也就是说，某种生物最开始时有 1000 个，那么，不难算出相对群体数的初值，$x_0=1000/10000=0.1$。

这个看上去有点奇怪的绿色曲线可以按照 k 的大小，曲线的不同形态分成好几段，图中分别记为：灭绝→平衡→双态平衡→混沌。

因此，罗伯特·梅发现，对逻辑斯蒂方程的混沌魔鬼来说，参数 k 的数值太重要了。增大 k 的数值可以让混沌魔鬼诞生出来！但是，混沌魔鬼是怎样生成的？为何 k 变大就能形成魔鬼呢？于是，罗伯特·梅便详细地研究了混沌魔鬼诞生的过程，对此我们将在下一节继续讨论。

2.8　从有序到混沌

让我们仔细考察上一节中的图 2.7.2，复习一下罗伯特·梅的结论。从图中我们看到：可以将系统的长期行为大概归类于几种情

况。或者说,可将图中的曲线分成特征不同的几个部分:

1. 当 k 小于 1 的时候,x_n 的最后极限是 0,表明出生率太低,出生的数目补偿不了死亡数,种族最终走向灭绝。例如,$k=0.8$,因为 $x_0=0.1$,不难算出 $x_1=0.072$,$x_2=0.051$,……,对应的群体数分别是 1000、720、510……,绝对群体数将逐年减少,最后趋于 0。在这种情况下,连种族都灭亡了,显然也不存在什么混沌魔鬼。

2. 我们更感兴趣的是 k 大于 1 时的情形,这时,方程中的第一项使得群体数逐年增长,而第二项使得群体数不能增长到无限大。我们将 k 值从 1 到 3 的那段绿线称为"平衡"期,因为在这种情形下,生死速率旗鼓相当,最后的群体数将平衡于一个固定值。比如,$k=1.2$,这时的线性增长率为 120%。那么,许多年之后,这种生物会有多少呢?从 x_0 开始,可以算出:$x_1=0.108$,$x_2=0.1157$,……。因而,相应的绝对群体数是 1000,1080,1157,……。可以证明,若干年之后,这种生物的群体数将趋向于一个固定值:1666。所以,k 值为 1~3 时,种族数收敛到固定值,完全是经典情况,没有看见混沌魔鬼。

3. 当 $k=3.8$ 时,从迭代可以得到相应的绝对群体数是 1000,3420,……,6547,9120,3100,8120,……。这时的最后结果很奇怪,不会收敛到任何稳定状态,而是在无穷多个不同的数值中无规则地跳来跳去。也就是说:魔鬼跳出来了,系统走向混沌。

上面的第一、二种情况,属于经典有序,第三种则为混沌。因而,我们最感兴趣的是中间从 $k=3$ 到 $k=3.8$ 的一段,我们再将这段放大来研究,即可得到图 2.8.1 中上图所示的曲线。

逻辑斯蒂系统是如何从有序过渡到混沌的呢?从图 2.8.1 的上图中可看到,即使我们让 k 的数值平滑地增长,系统的长期行为却不"平滑"。当 k 的数值在 3 附近的时候,系统来了个突变:原来的一条曲线分成了 2 支,形成一个三岔路口!然后,k 的数值继续平滑地增长,到 3.45 附近时,又走到了三岔路口,两条曲线分成了 4 支,再后来,分成了 8 支,16 支……分支越来越多,相邻三岔路口间的距离

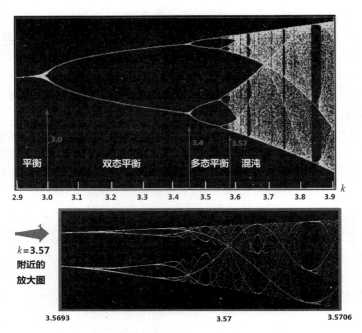

图 2.8.1　倍周期分岔现象（2.9＜k＜3.9，彩图附后）

却越来越短，最后，以至于我们的眼睛无法清楚地分辨那些三岔路口及分支为止。

　　现在，可能很多读者已经有了直觉：混沌魔鬼是由这些越来越多的分岔现象产生出来的！完全没错，这也是当时罗伯特·梅的结论。人们将这种分岔现象叫做倍周期分岔现象（Bifurcation）。"周期"这个词是哪儿冒出来的呢？想想我们所研究的逻辑斯蒂方程（2.7.3），这是个一代一代（或者说一年一年）的迭代方程，那么，一年就是一个周期。例如，我们观察 k=3 到 k=3.4 之间的曲线（也就是在图 2.8.1 中标示为双态平衡的那一段），所谓双态平衡意味着，迭代到最后，每年的群体数将在两个数值之间循环。也可以说，系统回到原来状态的周期从一年变成了两年，周期加倍了！后来，从 k=

3.4 到 $k=3.57$,状态数越来越多,最终的群体数将在更多的数值之间循环,因此,系统回到某一平衡状态的周期因加倍又加倍而变得越来越长,这是图中标示为多态平衡的一段。

当 k 增加到 3.57 之后,由于分支之间的交互缠绕,已无法区分单独的分支,倍周期分岔现象呈崩溃之势,平衡点已无法区分,连接成一片连续区域。这意味着最终的群体数失去了周期性,进入图中标示为混沌的范围。点击图 2.8.1,可链接到 Java 演示程序,用鼠标右键画个小矩形,便可将 $k=3.75$ 附近区域放大,得到图 2.8.1 中下面的图形。

上面所描述的系统状态随着参数的变化从平衡走向混沌的过程,不仅仅出现在生态学中,而是一个普遍现象。倍周期分岔现象是系统出现混沌的先兆,最终会导致有序到无序,稳态向混沌的转变。我们在前面章节中介绍洛伦茨吸引子时,洛伦茨方程中也有一个参数,那是叫做瑞利数的 R。瑞利数表征了大气流的黏滞性等物理特征。当时,洛伦茨在他的系统中所用的瑞利数 $R=28$,得到了混沌现象。对某些其他的 R 值,洛伦茨系统有混沌解,也有非混沌解。因此,当 R 平滑变化时,在洛伦茨系统中,也能观察到倍周期分岔现象,从而观察到系统从有序过渡到混沌的过程。

科学家们更为深入地研究倍周期分岔图,总结出倍周期分岔现象具有自相似性及普适性等重要而有趣的特征。

自相似性是显而易见的。如果将图 2.8.1 中的倍周期分岔曲线在不同的标度下进行放大,仔细观察,就会发现它实际上是一种分形,一种具有无穷嵌套的自相似结构,或所谓标度不变性:即用放大镜将细节部分放大若干倍后,它仍与整体具有相似的结构。这个与内在随机性密切相关的几何性质揭示了倍周期分岔现象与分形、混沌、奇异吸引子等之间的内在联系。

我们将在下一章继续讨论倍周期分岔现象的其他有趣特性。

2.9 混沌魔鬼"不稳定"

王二正在总结他的演讲,谈到他计划中的毕业论文课题:

"你们知道,我们这个由各类生物群体组成的大千世界,盘根错节、繁杂纷纭;天下万物,互相制约、互相依存;自然界中形形色色的动植物不停地出生、繁殖、变化、死亡,时而大浪淘沙、优胜劣汰;时而又相辅相成、维持平衡。在永不间断的争争斗斗、生生死死中,各种生物群体的数目变化莫测,有时候表现一定程度的周期性,有时候又貌似一片混沌,的确有些类似于上两章中所研究的逻辑斯蒂方程的解的行为。我正在想,以逻辑斯蒂方程为基础,是否可能找出一个描述包括多种生物竞争,群体数如何变化的生态模型来⋯⋯"

王二的想法引起了好几个生物相关专业学生的兴趣,他们聚在一起开始热烈讨论生态学的问题。

其实,逻辑斯蒂方程不仅在生态研究方面意义重大,在别的领域也有诸多应用。是啊,逻辑斯蒂映射看起来太简单了,只有 1 个变量、1 个方程,但它却能表现出混沌系统的种种特征。还记得我们曾经讨论过的其他混沌系统吗?比如洛伦茨系统和三体问题,相对于它们的原始问题来说,最后的方程也算够简单的了,但是,仍然有三个变量、三个微分方程。

混沌理论的老祖宗庞加莱曾经提出一个定理,稍后被瑞典数学家本迪克松证明,说的是混沌现象只能出现在三维以上的连续系统中。但这个定理不适用于离散系统,逻辑斯蒂迭代方程所描述的就是一个特别简单的一维离散系统。麻雀虽小,五脏俱全,混沌魔鬼在这个简单系统中轻巧地跳出来,成为混沌研究者们的最爱。

李四对此深有体会,因为他正在做一个与流体力学、湍流等有关的课题,涉及的系统很复杂。当系统维数太多想不清楚时,李四就总是回到最简单的一维逻辑斯蒂方程,用图形的方法来考虑问题,感觉容易多了。不过,张三今天却说:

"总的来说,1个变量的确比3个变量简单很多。不过,有时候,三维的图像也挺直观的。比如说你看,当我用计算机画奇异吸引子的时候,画出来的洛伦茨吸引子多漂亮! 洛伦茨方程的解,是随时间变化而无限绕下去、却又永不重复的轨道,在三维空间中画出来,好像一只翩翩起舞、展翅欲飞的蝴蝶。可是,这个逻辑斯蒂方程的吸引子,用图形表示就不好看了。"

张三的说法不无道理。对逻辑斯蒂方程来说,每个不同的 k 值都有一个吸引子,在平衡区域,吸引子是1个固定点;在双态平衡区域,吸引子是2个固定点;在多态平衡区域,吸引子是多个分离的固定点;而在混沌区域,吸引子是连成一片的点。最后的状态在这些点无规律地蹦来蹦去,到底是如何蹦的? 分岔图上对具体过程显示得并不清楚。不过,我们可以用如图 2.9.1 所示的逻辑斯蒂迭代图,清楚地看到在不同 k 值下,迭代过程中 x_n 的收敛情形。

图 2.9.1 中,标为红色的是迭代的最后过程。图中的抛物线对应于逻辑斯蒂方程右边的非线性迭代函数($x_{n+1} = kx_n(1-x_n)$)。

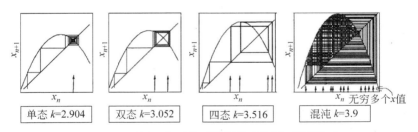

图 2.9.1　不同 k 值下的逻辑斯蒂迭代图(彩图附后)

从左向右看:第一个小图中的 x_n 最后收敛于一个红点;第二个小图中的 x_n 最后收敛于一个红色矩形,标志着有两个不同的 x 值;而第三个小图中的 x_n 最后收敛的红色区域,是在4个不同的 x 值中循环;最右边的混沌情况,大家一看圈来圈去的红色曲线便明白了:有点类似于洛伦茨的蝴蝶图了,这是魔鬼现身的表现!

逻辑斯蒂系统还有一个其他系统少有的优点:它所对应的微分

方程可以求得精确的解析解。而大多数非线性系统是无法得出精确解的,只能用迭代法来研究数值解的定性性质,以及解的稳定性。

混沌魔鬼的出现,与参数 k 的数值有关,k 越大,魔鬼出现的几率就越大。这其中有何奥秘呢?我们回到逻辑斯蒂方程描述的生态学,回忆一下参数 k 的意义是什么?k 是群体数的线性增长率,与出生率有关。想到这点,我们恍然大悟:如果 k 比较大,群体繁殖得太多,数目增长太快,增加社会不稳定的因素,当然就容易造成混乱,令魔鬼现身啰。

混沌的产生的确与方程的稳定性有关,因此,我们有必要讨论讨论系统状态的稳定性。哪种状态是稳定的?哪种状态是不稳定的?从图 2.9.2 的左图中一目了然,那是在重力场中稳定和不稳定的概念:对小圆球来说,坡顶和坡谷都是重力场中可能的平衡状态。但是人人都知道,位于顶点的蓝色球不稳定,位于谷底的红色球很稳定。究其根源,是因为只要蓝色球开始时被放斜了那么一丁点儿,就会因不能平衡而掉下去。而红球呢,则不在乎这点起始小误差,它总能够滚到谷底而平衡。用稍微科学一点的语言来说,稳定就是对初值变化不敏感,不稳定就是对初值变化太敏感。我们将这个意思发挥扩展到逻辑斯蒂方程上,考虑图 2.9.2 的右图中 $k = 2.904$ 时,即吸引子是一个固定点的情况。这时,逻辑斯蒂方程的解应该是图中的抛物线和 45°直线的交点,图中的这两条线有两个交点。因此,除了固定吸引子 $x_{无穷} = 0.66$ 之外,$x_{无穷} = 0$ 也是一个解。但是,在图所示的条件下,$x_{无穷} = 0.66$ 是稳定的解,$x_{无穷} = 0$ 却是不稳定的解。为什么呢?因为只要初始值从 0 偏离一点点,像图中所画的情况,迭代的最后结果就会一步一步地远离 0 点,沿着绿色箭头,最终收敛到 $x_{无穷} = 0.66$ 这个稳定的平衡点。

研究三体问题的大数学家庞加莱,是微分方程定性理论的始创者。有关微分方程解的稳定性问题,则由另一位数学家李雅普洛夫首开先河。亚历山大·李雅普洛夫(1857—1918)是与庞加莱同时代的俄国数学家和物理学家。与稳定性密切相关的李雅普洛夫指数,

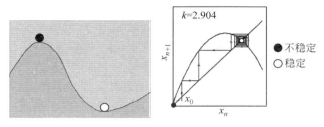

图 2.9.2　不稳定和稳定(彩图附后)

便是以他的名字命名。

　　如何来判定系统稳定与否？李雅普洛夫想，可以用对重力场中
两个小球是否稳定的类似判定方法。于是，他研究当初值变化一点
点时，看看系统的最终结果如何变化，并以此来作为稳定性的判据。
更具体地说，我们可以将系统的最终结果 $x_{无穷}$ 表示成初始值 x_0 的函
数，用图形画出来。然后，系统的稳定性取决于这个函数图形的走
向：它更接近图 2.9.3 中的哪一条曲线呢？是向下指数衰减($\lambda<$
0)？还是向上指数增长($\lambda>0$)？抑或是平直一条($\lambda=0$)？第一种情
况被认为是稳定的，第二种情况被认为是不稳定的，而 λ 等于 0 则是
临界状态。这里的 λ 便是李雅普洛夫指数。

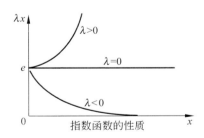

图 2.9.3　指数函数的性质随 λ 变化

　　图 2.9.4 显示的便是不同 k 值下，逻辑斯蒂系统的李雅普诺夫
指数及对应的分岔图，从中不难看出 λ 的符号变化与倍周期分岔的
产生及混沌魔鬼出现之间的关系：k 值比较小的时候，λ 小于 0，系统

处于稳定状态;从 $k=3.0$ 开始,λ 有时等于 0,出现分岔现象,系统变到多态平衡,但仍然是稳定的,大多数时候,λ 小于 0;从 $k>3.57$ 开始,λ 开始大于 0,系统不稳定,过渡到混沌。有趣的是,混沌魔鬼经常露一下脸后又躲藏起来。在 λ 大于 0 的区间中,λ 的数值还经常返回到小于 0 的数值。也就是说,混沌有时又变成有序,这对应于分岔图(黄色图像)中的空白地带。

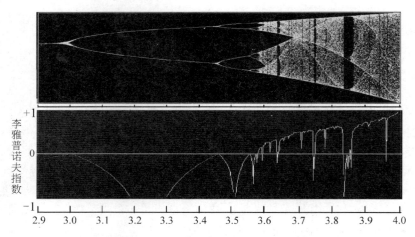

图 2.9.4　逻辑斯蒂系统的李雅普诺夫指数及对应的分岔情形(彩图附后)

3 第三篇

分形天使处处逞能

Mystery
of the Butterfly Effect
Fractals and Chaos

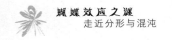

3.1 分形音乐

王二和林零手拉手在校园里散步。王二向林零介绍更多的分形知识,林零是学音乐的,说到最近听了一个音乐和数学关系的讲座,期间还提到"分形音乐(fractal music)"哩!讲座从一个笑话开始:

一个男数学老师曾经问林零所在系的一个研究音乐理论的女老师:

"音乐里只有七个音,你为什么要准备花一生的时间去研究呢?"

音乐老师迟疑了一下,笑着反问道:

"数学不也只有十个数字,你又为何打算研究一辈子,还不一定能研究清楚呢?"

一般来说,人们不会否认艺术(如雕塑、建筑、绘画等)与数学的关系,因为它们需要一点理性的计算。但如果说到音乐与数学的关系,就不太一样了,大多数人可能很迷惘:数学与音乐有关系吗?

其实在音乐发生的最初级阶段(上溯到毕达哥拉斯时代),它就与数学有着亲密的血缘关系。毕达哥拉斯认为"数"是世界万物的本源,包括音阶序列(五度音或八度音)。他认为音阶更多是出于推理而不完全是人耳分辨的纯粹"自然"结果……

王二却急于想了解分形音乐是怎么一回事,知道后才好去向两位师兄吹牛皮啊。林零看着他搔头抓耳的样子,笑着说:

"正好我那天看了你们在计算机上显示的分形,还明白了曼德勃罗集是怎么产生出来的,要不然,我可听不懂那天讲座中讲的这分形音乐是个什么东西……"

林零接着说："产生曼德勃罗集和朱利亚集图形的时候，你们不是用黑色、红色、黄色等等不同的颜色来标志不同的数学迭代性质吗？如果要产生分形音乐，也可以用你们那个方程作迭代啊……"

王二还是摸不着头脑："对呀，在张三的程序中，是根据迭代后，当 $n \rightarrow$ 无穷时，Z 点到原点的距离 R_n 的极限情况，来决定点的颜色，比如说：

如果 $R_n < 100$，c 为黑色；

如果 $100 < R_n < 200$，c 为红色；

如果 $200 < R_n < 300$，c 为橙色；

如果 $300 < R_n < 400$，c 为黄色；

……"

林零说："你们产生颜色，我们也可以产生音乐嘛……"

王二突然开了窍："对了，我们涂上红橙黄绿蓝靛紫，你们就弹出哆来咪发唆拉西……"

的确是这样，如前所说的用迭代法产生图像的过程，就可以同样用来产生音乐！比如说，如果用"哆来咪发唆拉西"来代替"红橙黄绿蓝靛紫"，用一条时间轴代替二维复数空间中的一条线的话，一段与曼德勃罗集中某条直线相对应的"曼德勃罗分形音乐"就产生出来了！

尽管分形音乐现在听起来可能还不是那么的宏伟和美妙，但至少它还使人觉得有趣，毕竟它不是由人，而是由电脑产生出来的音乐！如果再加上一些人为的努力，使将来的"分形音乐"更逼真地模仿真正的音乐，是完全可能的。

除了曼德勃罗集之外，人们还研究了许许多多其他种类的分形，并且发现，自然界的分形现象比比皆是：从漫长蜿蜒的海岸线，到人体大脑的结构，分形似乎无所不在！分形最重要的共同特征，是它们的自相似性。最开头我们说到的"花菜"的例子，很直观的给出了自相似性的定义：部分与整体形状相似，只是尺寸大小不同而已。

如前所述，分形除了自相似性之外，还表现出随机性，以及非线

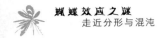

性迭代引起的非线性畸变。

当你仔细观察曼德勃罗集的图形,在多次放大的过程中,你会经常见到似曾相识、却又不完全相同的图景,这里的似曾相识,就是来源于分形的自相似性;而不完全相同,则体现了曼德勃罗集图形因非线性变换而表现的貌似随机的一面。

既然分形无处不在,当然也存在于历代音乐大师们所作的音乐中。听音乐时,我们不也经常听到某个旋律反复出现,然而又变化多端,并不是只做简单重复的情况吗?也许,正是这种相似性和随机性的和谐结合,你中有我,我中有你,既相似又随机,互相渗透,穿插其中,才使音乐给了我们艺术的美感,给了我们无穷想象的空间。

人们通过计算机,分析研究了音乐大师们的作品,发现分形结构普遍存在于经典音乐作品中,比如巴赫和贝多芬的作品。

不仅仅是类似于曼德勃罗集和朱利亚集那种看起来复杂的分形存在于音乐中,更广义地说:美妙而简单的数学规律普遍存在于音乐大师们的作品中。

比如,在建筑和绘画中经常见到的黄金分割规律,也广泛存在于音乐中。

20世纪90年代,加州大学尔文分校的"神经生物学系记忆中心"的研究人员发现莫扎特的音乐对孩童们具有一种神奇的力量,可以加强他们的注意力,提高创造力。听一段莫扎特的音乐,好比是做了一场促进协调、提高脑部功能的运动。这个结论公布之后,美国有些学校,在课堂上播放莫扎特的音乐,作为背景音乐,据说对加强课堂纪律,安抚学生情绪,起到良好作用。

莫扎特的音乐简单而纯粹,不像巴赫音乐的繁复,也不像贝多芬的音乐使人荡气回肠。特别是莫扎特的小提琴协奏曲,单纯、明丽、幽雅而流畅。有人利用计算机研究分析了几首莫扎特的小提琴协奏曲的曲式结构,发现99%都符合,或近似符合黄金分割律。用更通俗的话来说,就是曲调的重要段落所在位置,大都在整部曲子的0.618处。此外,附属主题、音调转接、主题再现、副歌开始等,也大都相对发生于各段的黄金分割点。

也许,莫扎特的小提琴协奏曲给人简单和美的感觉就根源于这些简单的黄金分割?

刚才介绍过现代作曲家根据分形迭代创作的分形音乐。也有人用更简单的数学规律,诸如二进制序列,各种级数,甚至一段英语文字等,来创作音乐。用数学作曲,已经成为现代作曲家的热门课题。反正,音乐曲谱实际上也是一种编码,只要你想出一种什么方法将数学的东西与音乐码互相转换,你就能写出一段曲子来。好听与否就是另一回事了。

纽约大学石溪分校(Stony Brook)的一个音乐系学生,根据Fibonacci数作了一段曲子,并用钢琴演奏出来[F]。

3.2 分形艺术

林零向王二介绍完毕她所听的分形音乐讲座内容,对听呆了的王二说:

"真没想到理科研究的东西也能用在如此感性的音乐和艺术上!有人说,感性让人自然,理性让人智慧,理性和感性结合才能产生完美。你知道吗? 讲座开始时,我说到的那个音乐理论女老师,就是讲课的秦教授她自己……"

王二很灵光,想象力十足:"那么,那个数学教师,后来就成了她的丈夫,对吧?"

林零无语,只对王二嫣然一笑。

科学是文化艺术的精髓。分形概念除了用于音乐之外,其他如绘画、雕塑、建筑设计中的分形也是比比皆是,自相似是一种易于被观察到的自然结构,因此,经常被创造各种文明的人类,有意或无意地表现于创作的艺术作品之中,见图3.2.1。

分形设计特别多地用于建筑设计中。因为建筑是一种与几何密切相关的艺术,分形几何学诞生之前,就有许多无意识的自相似建

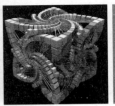

图 3.2.1　艺术中的分形

筑,例如,从非洲部落、印度庙宇、欧洲教堂、中国古寺等古代建筑,都能找到明显的分形特征(图 3.2.2)。

(a) 非洲部落　　　　　　　　　(b) 中古建筑

(c) 印度庙宇　　　　　　(d) 艾菲尔铁塔的分形结构

图 3.2.2　古建筑艺术中的分形

有了分形几何之后,各种别出心裁、与分形相关的建筑设计更是层出不穷。分形几何理论的建立深深地影响了建筑学的发展,拓展了建筑形式与功能的可能性,也为建筑学的空间观与审美观带来革新的动力,更新了传统的建筑设计手法,创造了与传统不同的建筑空间。

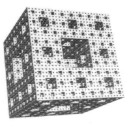

图 3.2.3　曾经提交的台北艺术中心设计方案以及方案所借鉴的
　　　　　分形图案：门杰海绵

类似于分形音乐,在绘画艺术上,也有人用计算机产生分形绘画,比如说,一座山就可以用一个生成子及一个基本初始图形,按照下面的迭代过程用计算机产生出来。

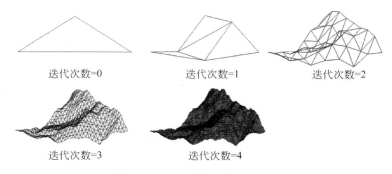

图 3.2.4　用迭代法产生的"山"

3.3　分形用于图像处理

尽管几个简单的线性自相似的经典分形的历史,最早可追溯到 19 世纪后期。但对于分形的深入研究,诸如曼德勃罗图等,却是近 40 年的事。这是与计算机的飞速发展分不开的。因为,先进快速的计算机

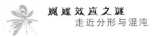

技术使得大量的迭代运算可以在更短的时间内完成。图像显示技术的发展为我们提供了探索分形复杂性的有利条件。没有现代的计算机技术，人们不可能欣赏到如此美丽的曼德勃罗图和朱利亚图。

"从艺术的角度来看，非线性迭代生成的分形图案的确很美，美得像天使一样！"李四说，"那种美给我们以视觉的享受，分形音乐则给我们以听觉的享受。但是，科学家们所欣赏的应该是另一种美……"

"对呀！是这个世界所遵循的科学规律的内在之美。"王二抢着补充了几句：

"你们还记得吧，用计算机生成的树叶图和蕨类植物叶子是如此之相像，还有树枝、脑血管、人体……这段时间我一直在想，世界上这些看起来千变万化的一切，恐怕都是由几条简单的生成规则演化出来的哦，就像张三在计算机程序中用一个简单方程进行迭代一样，细胞分裂又分裂，迭代又迭代，一代又一代……最后就成了我们世界中的各种生物体。啊，不只是生物，还有云彩、闪电、海岸线……几条简单规律产生了大自然的一切……"

看着王二浮想联翩的神态，张三笑了："别想象得太远了！想我们力所能及的。你刚才说到的树叶图和蕨类叶子相像这点，使我想起最近看到的一篇文章，谈到将分形用在计算机图像压缩技术方面的事情。"

计算机技术使得我们能探索分形的复杂性，分形数学又反过来造福于计算机技术。科学和技术总是相辅相成，互相推波助澜。科学始于探索，技术立足于应用。探索能发现自然之美，应用则创造人工之巧。美之事物必能找到应用的途径，而新颖的技术构思又总是能反射出理论的光辉。分形之美与计算机显示技术之新成果息息相关，相互辉映。

当年，分形的研究之所以能在众多的学科范围内引起轰动，其原因之一便是：如此复杂的结构却产生于几条简单的变换规则。复杂是一种美，简单也是一种美。科学的宗旨之一可以说就是要用简单的规律来描述复杂的大自然。复杂的形态背后可能隐藏着简单的法则。

从分形的这种简单表示复杂的特性，人们很自然地想到了将分形用于作为计算机中储存、压缩图形资料的一种方式。比如像曼德勃罗集那样复杂的图形，只不过是用一个简单的方程（$z = z \times z + c$）就能表示出来。今天，我们的文明社会正在大阔步地迈进一个数字信息时代。数字化之后的信息需要通过媒介来记录、传送、储存。使用传统的方法储存声音和图像，数据量非常大。因此，我们才有了所谓的图像压缩技术，就是要在保证一定质量的条件下，将储存的信息量压缩到越少越好。

那么，有哪些传统的图像储存和压缩方法呢？

在数字世界中，信息量的多少用所需要的比特数（0 或 1）来衡量。表达信息时所需要的比特数目越小越好。也就是说，最好能将信息压缩一下，也叫做给信息"编码"。比如说，为了要储存图 3.3.1 中的只有黑白颜色的科赫曲线，我们可以采取图 3.3.1 中右边的文字说明中所列举的三种方法编码：

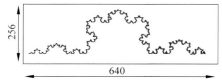

1. 256×640=163840比特
2. 256点，每个点需要2个整数
   256×2×4×8=16384比特
3. 4个线性变换+2个初始点+1个指数4×6+2×2+1=29个整数
   29×32=928比特

图 3.3.1　用不同方法压缩图像的说明

第一种是最原始的方法，是将图形分成许多小格子（像素）。例如，我们可以将图 3.3.1 分成 256×640 个小格子，也就是共 163 840 个像素。然后，需要将这些像素所具有的信息储存起来。因为图 3.3.1 只是黑白图形，每一个像素的信息不是黑就是白，正好对应于比特的 0 或 1。这意味着，一个像素需要一个比特来表示。因此，要用这种编码方法储存整个图形，需要的比特数就等于 163 840。第二种方法是将图形看作若干点和线。上面的图中共有 256 条直线，经由 256 个点逐次连成。所以，只要储存这 256 个点的位置就可以了。

因为每个点在图中的位置需要用两个整数表示,而每个整数都需要用 32 个比特来表示。因此,第二种编码方法需要的比特数是 $256 \times 2 \times 32 = 16\,384$。显然,第二种方法比第一种方法更经济合算,因为它将信息压缩了 10 倍。

如果我们把这个图形用它的分形的初始值及迭代函数来编码的话,就是图 3.3.1 中的第三种方法。使用第三种方法,需要储存的信息只包括 4 次线性变换迭代以及 2 个初始点位置。将这些数值换算成比特数,只需要 928 个比特就可以了。相对原始的 163 840 比特而言,就等于信息被压缩了 100 倍以上。

有关分形技术用于图像压缩,张三谈起了他自己的经验:在储存曼德勃罗集图形时,如果存为 bmp 文件的话,文件的大小为 430×8 千比特,这种方法就相当于上面所说的第一种方法。而如果将它存为 gif 文件的话,文件的大小仅为 30×8 千比特。也就是说,在这种情形下,gif 格式相对于 bmp 格式,信息压缩了 14.3 倍。

张三说:"可是 gif 格式也太大了啊,我用程序生成这个图形,存的信息不过是一个简单方程,几个系数,就像刚才的科赫曲线,最多几个千比特,就足够了呀。"

王二又兴奋起来:"对啦,生物体一定是把某种类似的、最优化的编码存到基因 DNA 里面了……大自然往往做得比人工更为精致和巧妙……"

李四却对分形图像压缩很感兴趣,说自己曾经做过用傅里叶变换压缩声音信号的问题,先和两位一起复习复习。

张三附和:"对,我们先不管图像信号,声音信号的处理更基本和简单一些。"

其实,不论是声音还是图像信号,最原始的信息都可看作是强度关于时间(或空间)的函数。如上面说到的,一个固定的黑白图像可用在每一个像素位置的光强度(0 或 1)表示,一个原始的声音信息则用在一系列的时间点测量的声音强度来表示。所以,最原始的储存方法就是:把声音的强度按不同时间点列成一个表储存起来,比如说,转换成电信号保存到磁带上。以后便可以将磁带上的数值读出来,再转换成声音信号。

这种储存声音的原始方法类似于之前谈到图像编码的第一种方法。可以说是完整的储存方法,但它并不总是最好的,也不是最有效的方法。

声音的信号除了随时间而变的强弱之外,还有一个很重要的特点,就是它的频率。频率也是声波中给我们大脑更深刻印象的东西。学唱歌时首先不就是学"哆来咪发唆拉西"嘛,那描述的就是声音中不同的主频率。

刚说到"哆来咪发唆拉西",正好林零和一伙音乐系的女学生在旁边走过,听见这句话便好奇地站下来继续听。

既然频率在声音中是如此重要,人们自然想到储存声音应该储存它的频率。对啦,作曲家们就很聪明,他们将所作的曲子用乐谱的形式记下来,那不就是记录的频率吗?傅里叶变换则是科学家工程师们所使用的乐谱,傅里叶变换是由法国数学家在 1822 年创立的。比之音乐中的乐谱,傅里叶频谱有过之而无不及,它把声音信息中包含的所有频率分量都找了出来。这个过程听起来有点烦琐,似乎是画蛇添足!不过,傅里叶变换在数学、物理、工程各方面都得到广泛应用,是信息处理中使用得最多的变换,被誉为信息处理技术上一个重要的里程碑。

储存频谱的优点是储存的信息量少。当我们按下电子琴的中心 C 按键时,电子琴发出一个"哆"的声音。将这个声音用强度时间表来储存,每 1 毫秒存一个强度值,1 分钟就需要存 60 000 个实数,需用 3840 千比特。如果存它的频谱,暂时不考虑泛音的话,只需要存这个频率的数值和强度,2 个实数就可以了,这不就等于是把信息量压缩了几千倍吗?即使考虑还得存泛音的数据,也可以达到几百倍的压缩率吧。

一个女孩有些迷惑不解:"一个'哆'弹一分钟,这么长啊?"

大家笑了起来,笑得女孩有些不好意思。可李四说,"这个疑问问到了点子上哦！傅里叶变换只记下了频率信号，完全没有时间的信息，是不行的。它就像是用一把频率固定、但时间无限长的尺子来量东西，这把尺太长了！所以，在实际中使用的是如图 3.3.2 所示的窗口傅里叶变换，把尺子按时间分成一段一段的。"

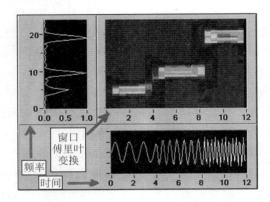

图 3.3.2　对三段不同频率的正弦函数组成的图形的
窗口傅里叶变换结果（彩图附后）

林零很有悟性，对王二说："这个窗口傅里叶变换的道理和音乐上的曲谱很像啊。既有时间，也有频率……但是……这些和你们谈论的分形又有什么关系呢？"

王二向她解释了一下刚才谈到的分形用于图像压缩之事。

刚才说到的是对声音信息的傅里叶变换处理。回到图像编码领域，原理也是类似的，只不过需要将时间用二维空间来代替。

对信号的傅里叶变换压缩，利用的是信号的频率特征。用分形的原理进行图像压缩，则是利用图形的自相似性。

分形图像压缩的方法（也称迭代函数系统 IFS 方法）是美国佐治亚理工学院的巴恩斯利教授首创的。但分形图像压缩技术至今仍然不够成熟。尽管目前已有商品化的计算机软件，但仍有许多问题尚待解决。分形图像压缩的解码速度很快，但编码速度慢，比较适合一次写入、多次读出的文档。

正是："路漫漫其修远兮,吾将上下而求索。"

3.4 人体中的分形和混沌

王二这几个星期忙坏了,连和林零见面都抽不出时间。因为他正在收集资料文献,研究分形和混沌在生命科学中的应用,准备在星期五的聚会上作一个简单的演讲呢。不过,忙碌工作的结果使他很有成就感,学到了不少东西。况且,这些知识对他今后生物研究的道路也是非常有帮助的。因此,他把几星期来学习钻研的心得体会记录如下:

分形在生物形态中普遍存在,这是人所共知的事实,大自然中不少动植物存在分形图案的例子。

生命科学中,人们在对人体器官的研究中发现,自相似性、分形、混沌的影子几乎无所不在:人体的肺部细胞形成盘根错节、复杂的受力网络;人脑的表面、小肠结构、血管伸展、神经元分布等,都有明显的分形特征,见图 3.4.1。有人认为,生物体中每个单元的形态结构、遗传特性等,都在不同程度上可看作是生物整体的缩影。比如,人耳的形状,非常类似母体胚胎中蜷缩的婴儿。从分形的角度来看,这些都是在生物体中自相似性的表现。

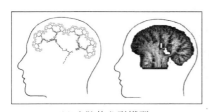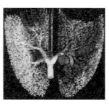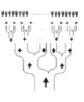

(a) 人脑的分形模型　　　　　　　　(b) 肺动脉床的分形模型

图 3.4.1　人体大脑和肺泡结构呈现分形(彩图附后)

图 3.4.1(a)可看作人脑的分形模型。在 19 世纪,医学科学家就已经认识到,脑进化的螺旋形式和在自然界中发现的螺旋十分相

似。被誉为"美国神经病学泰斗"的查尔斯(Charles Krasner Mills，1845—1931)对大脑和神经的功能进行了大量研究。如果查尔斯还活着，他或许会感到欣慰，因为如今的医学界，正用自然界广泛存在的、他所模糊意识到的分形模型来研究和描述大脑及神经系统[15]。

俗话说，大脑的皱纹越多人越聪明。科学家们对人脑表面进行研究，发现从人脑表面皱纹的分形结构模型出发，估算出的分形维数为2.73~2.78。从欧几里得几何的观点来看，任何平面或曲面的维数都是2。但是我们从分形几何的角度来说，大脑表面褶皱越多，分形维数就越高，就越是逼近于我们所处的三维空间的维数。医学界认为，这是进化过程中某种优化机制起作用的结果。因为分形维数越高，表明在同样有限的空间内，大脑能占有更大的表面积，就有可能具备更为复杂的思考能力。

因此，大脑的分形模型，使得可能用最优化的观点来解释大脑的功能，诸如信息传输、存储容量、和对外界刺激的敏感性等。

对肺部器官的研究也有类似的结果。20世纪70年代，当曼德勃罗研究分形混沌之初，他就提出人体的肺具有分形结构。后来，美国医学科学家Sergey V. Buldyrev等[16]的大量研究工作证实了这点。

你可能不知道，我们肺部具有的表面积差不多相当于整个网球场的大小(750平方英尺)。如何能将如此巨大的面积，塞进看起来小小的肺中，这也是分形几何的功劳。人体的肺气管道，是一种结构复杂、形状极不规则的导气管网，见图3.4.1(b)。从气管尖端开始反复分岔，再分岔，形成一种典型的树形分叉结构。分形的分岔与折叠，增加了分形维数，随之增加了这些管道吸收空气的表面积。当然，因为表面积增大，曲面凹凸程度增加，又会反过来阻碍空气的流通。最后，两者兼顾，互相平衡而得出一个大约最佳的分形维数。根据测量，肺泡的分形维数非常接近3，等于2.97[17,18]。

与肺气管道比较，人体的血管似乎是一种更为复杂细致、遍及全身的分形网络。要做到与所有细胞直接相连，微血管必须细到只能允许单个血细胞通过。而大动脉又得具有快速流过大量三维血流的功能。从大到小,由简而繁,这似乎又是分形结构的长处。虽然人体的全身上下都布满了血管,血流量的总体积却只占人体体积的5%左右,因为每个细胞都需要直接供血,血液循环系统总体的表面积将会很大。与上述的大脑及肺泡的情况类似,如此大的面积,却必须挤进一个很有限的体积中。想要对此构造一个合理的数学模型,非分形莫属。并且,可以料想,此分形的维数也应该接近3。果不出所料,经实验测定,人体动脉的分形维数大约为2.7。相信这个维数也是在人体进化及器官生长过程中最佳选择的结果。

除了上述列举出的人体器官之外,还有神经系统的神经元、双螺旋结构的DNA、弯弯曲曲的蛋白质分子链、泌尿系统、肝脏胆管等,它们的形态也都遵从分形规律。

中医的经络、穴位之说历史悠久,颇带神秘色彩。根据这个理论,人体的耳、鼻、舌、手、足等各个部分,都是人体的缩影。如果人体的器官和功能失调,会在这些部分反映出来,由此,便可诊治疾病。姑且不论此说正确与否,但却与生物分形原理,似乎一脉相通、不谋而合。因此,如果使用分形理论研究传统医学,也许能对针灸和按摩的原理作出更为科学而合理的分析和解释。

众所周知,任何生物体都是由单个细胞的不断分裂和复制而生成的。也就是说,单个的细胞中已经包含了生物体的全部信息。在一定的条件下,这单个细胞能够自我复制和重组,发育成一个新的有机体。这种单细胞的全能性,用分形几何的术语来说,也就是类似于分形的自相似性。因为这样看来,每个细胞,似乎都是一个缩小了的生物体复制。或者说,这个整体的复制已经存在于生物体的每个细胞之中!因此,我们可以毫不夸张地说,现代克隆技术的成功,正是生物分形理论的验证和应用。

分形和混沌是相通的,混沌实际上可以看作是时间上的分形。在人体生命科学中,除了观察到器官等的空间分形结构之外,也观察到,心脏中输送的电流脉冲、心跳节律、脑电波等,这些随时间变动的波形曲线均是分形。

甚为有趣的是,当科学家们将分形及混沌的概念最初引进医学研究时,他们期望能用这种不规则现象来描述和诊断病患者的心率及脑电波可能出现的某种不规则情形,即"病态"。然而,观察结果却大大出乎他们的意料。

在一年的时间中,人的心脏跳动次数超过三千万次,这种跳动的规律性如何? 是否始终如一? 跳动的频率有多精确? 其中有混沌魔鬼出现吗? 人们根据直觉以及传统医学的观念,一般认为心率正常意味着健康,脑电波不规律可能表明了神经错乱,如果混沌魔鬼出现在心脏跳动中,似乎就应该是疾病和衰老的象征了[19,20]。但是,生理学分形研究所得的事实却正好相反,当人们用时间序列曲线来表示心率的变化情况时发现:健康成人的心率曲线是凹凸不平的不规则形状,呈现某种自相似性,貌似混沌。而癫痫患者和帕金森病患者的心率曲线反而呈现更多的规则性和周期性行为,表现得更有规律[21](图 3.4.2)。

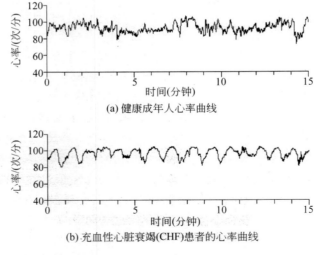

(a) 健康成年人心率曲线

(b) 充血性心脏衰竭(CHF)患者的心率曲线

图 3.4.2　正常人与充血性心脏衰竭患者心率曲线

图片来自网络 http://www.physionet.org/tutorials/ndc/

这种使专家们感到意外的情况,也发生在对脑电波的研究中。

一个人在不同的意识行为时产生的脑电波是有所不同的,这个不同首先表现在产生的脑电波的频率的不同。如果根据频率的不同来分类,脑电波可以分成四大类(图 3.4.3):

当一个人清醒的时候,特别是工作的时候,意识行为强烈,脑波活跃,频率最高,这时发出的脑电波叫做贝塔波(β 波)。这种波是一个人智力的来源,是进行逻辑思维、推理、计算、解决问题时需要的波。当然,它也对应于人的心理压力、环境不适、紧张焦虑等负面情绪。频率稍低一点的脑电波,叫做阿尔法波(α 波),这种波是一个人想象力的来源,是介于清醒理智的意识层面与潜意识层面之间的桥梁。当一个人身体放松、心不在焉时便常常产生这种波。第三种脑电波的频率更低一点,叫做西塔波(θ 波),是创造力和灵感的来源,属于潜意识层面的波。这种波与记忆、知觉、个性及情绪有关,影响一个人的态度和信念,往往在睡觉做梦、沉思冥想时产生。频率最低的脑电波是德塔波(δ 波),是直觉和第六感的来源,属于无意识层面的波。这种波是睡眠和恢复精神体力所需要的。

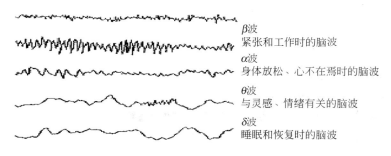

β 波
紧张和工作时的脑波

α 波
身体放松、心不在焉时的脑波

θ 波
与灵感、情绪有关的脑波

δ 波
睡眠和恢复时的脑波

图 3.4.3　四类脑电波

四种脑波中最重要最普遍的是 α 波。一般成年人在平静的清醒状态时,大脑发出的脑电波主要表现为频率为 8～13Hz 的 α 波。如图 3.4.3 所示,正常人的 α 波表现出明显的混沌特征,而像癫痫、帕

金森病、狂郁症等精神病患者的 α 波则看起来更单调、具有较规则的周期性。

另外,患有白血病的患者,白细胞数目的变化显示出周期性,而健康人的白细胞数的变化则具有混沌的特点。对人体的神经系统而言,混沌也是正常、健康的常态和特征。

由上述例子看起来,混沌的引入使人们对生理系统的认识产生了一个飞跃:健康的生理状态在本质上应该是混沌的。反之,如果复杂性丢失,等时节律越来越多的话,意味着病态和衰老的来临。如果心脏功能出现钟摆律,脑波混沌被破坏,就可能是临终前的信号了[22,23]。

如何从混沌理论的观点来解释这些出乎传统医学意料的结果呢?

前面我们叙述过,人体的许多器官在形态上表现出分形结构,可想而知,由这些分形结构的器官工作起来产生的时间序列信号,理所当然地应该是混沌的。另外,一个混沌的系统,不会只停留在少数几个固定的状态,而是在所有可能的状态之间貌似随机地跳来跳去,这种状态遍历、不可预测的特性,使得健康的人体能具有高度的适应性和灵活性,可以应付各种复杂环境和条件变化。比如说,人脑可以看成是一个复杂的、多层次的混沌系统,因而,脑的工作是混沌的,是基于一种对初值非常敏感的蝴蝶效应。也正因为如此,人的行为才能表现出智慧和敏锐。人脑越复杂、越混沌,其调节应变的能力也越强。如果人脑发出的 α 波变得更规则有序了,说明脑袋有了病变,人的行为也成为痴呆、固定,也就是俗话所说的"脑筋转不过弯来"。

科学家们还发现,生物器官分形维数的增大,或者心率及脑电波混沌程度的增加,都与生物进化有关。通过对核酸分形维数的研究结果表明:分形维数随分子进化而增大。例如,线粒体分形维数约为 1.2,病毒及其宿主,原核和真核的分形维数约为 1.5,而哺乳类核酸分子的分形维数,约为 1.7。基于人与其他物种心率曲线混沌程度的对比,揭示出混沌是衡量生物体制进化的一个定量指标。

4 第四篇

天使魔鬼一家人

Mystery
of the Butterfly Effect
Fractals and Chaos

4.1 万变之不变

罗伯特·梅,将混沌魔鬼的诞生归结为系统周期性的一次又一次突变。或者,用一个更学术化的术语来说,叫做倍周期分岔现象。之前我们遵循罗伯特·梅的思路,研究了逻辑斯蒂系统从有序到倍周期分岔,再分岔,最后生出混沌魔鬼的过程,也描述了混沌系统的稳定性、倍周期分岔现象的自相似性等特征。

倍周期分岔现象的另一个重要特性是普适性。

除了生物群体数的变化之外,倍周期分岔现象还存在于其他很多非线性系统中。系统的参数变化时,系统的状态数越来越多,返回某一状态的周期加倍又加倍,最后从有序走向混沌。比如物理学中原来认为最简单的单摆,也暗藏着混沌魔鬼,当外力加大时,新的频率分量不断出现,摆动周期不断地加长,最后过渡到混沌。由美国华裔学者蔡少棠首先研究的混沌电路是倍周期分岔的又一个例子。此外,在金融股票市场,以至于社会群体活动中,都有魔鬼的身影,也有伴随着的倍周期分岔现象。

到处都有倍周期分岔,以及接踵而至的混沌魔鬼,这是普适性的定性方面。普适性的另一个方面——定量方面,则与分岔的速度有关。

"分岔的速度?我注意到了,是越来越快的……"说话的是讨论小组中的一个年轻新面孔,看起来像是个十五六岁的中学生,王二介绍说这是林零的弟弟林童,今年计算机系从高一学生中破格录取的新生。林童看上去年轻,说话倒挺老练的,而且懂的知识不少,确实是个小灵童。他指着图2.9.4上面那张倍周期分岔图给大家看。

从图中显而易见,分岔的速度的确越来越快,相邻两个岔道口之间的距离越来越近。

"而且……"小灵童满脸通红，在这十几个大哥哥大姐姐面前，他说话时略显尴尬，欲言又止，不过，在林零眼神的鼓励下，他继续说下去，越说越流利：

"这个图……分岔的速度虽然越来越快，但增快时却似乎遵循某种规律，有点像重力场中的自由落体。在中学物理课中学牛顿定律时，那儿有个 g，叫做重力加速度。牛顿看见苹果掉下来，下落的速度越来越快、越来越快……但是，速度增加的比例却是相同的！也就是说，自由落体的速度变快了，但加速度 g 却是不变的。并且，g 的数值对任何下落的物体都一样，它还与万有引力常数 G 有关。所以，我就觉得，这个看起来层层相似的分岔图中也可能有个什么不变的东西吧。后来，到网上一查，果然如此！原来在倍周期分岔图这儿也有两个普适常数，分别叫做 δ 和 α，发现它们的人是费根鲍姆……"

米切尔·费根鲍姆（Mitchell Jay Feigenbaum，1944— ）是美国数学物理学家。父亲是波兰移民，母亲是乌克兰人。青少年时期的费根鲍姆默默无闻，也未曾表现出任何所谓天才或神童的气质。但是，他喜欢思考、迷恋物理。博士毕业后，因为找不到一个好的固定工作而四处奔波了好几年。后来，终于在 30 岁时就职于新墨西哥州的洛斯阿拉莫斯国家实验室。洛斯阿拉莫斯实验室是美国两个研究核武器的主要实验室之一，"二战"时期的曼哈顿计划就在这儿进行。20 世纪 70 年代，那儿养了一大堆的物理学家及相关学科的技术人员，工资不低，研究经费也不少，既没有教学任务，也没有要及时赶出成果发表论文的压力。费根鲍姆在那儿优哉游哉地如鱼得水，尽管他当时在学术界还是一个无名小卒，只发表过一篇论文，科研成果寥寥无几，但在他的理论部同事中间却颇有声名。原因一是因为他脑袋中经常冒出一些古怪的想法，打扮也有些不合潮流，满头卷曲的披肩长发使他看起来像个古典音乐家。费根鲍姆出名的另外一个原因，是因为他的知识渊博，深思熟虑过很多问题，无形中已经成为同行们有难题时的特别顾问。

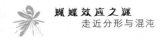

他所在研究小组的课题是流体力学中的湍流现象,费根鲍姆需要研究的是:威尔逊的重整化群思想是否可以解决湍流这个世纪老难题。

开始时,费根鲍姆似乎并不十分钟情于研究小组的这个课题,不过,因为湍流看起来一片混乱,有些像那两年科学界人士热衷的混沌,这个研究方向使得费根鲍姆了解并熟悉了气象学家洛伦茨宣告的"蝴蝶效应",以及逻辑斯蒂迭代时产生的混沌问题。

费根鲍姆对逻辑斯蒂方程的研究独立于罗伯特·梅。那年,他得了一个能放在口袋里的 HP65 计算器(图 4.1.1),一有空闲,他便一边散步、一边抽烟,还不时地把计算器拿出来编写几行程序,研究令他着迷的逻辑斯蒂倍周期分岔现象。

图 4.1.1 费根鲍姆和他的 HP-65 计算器

现在看起来十分简易、当时售价为 795 美元的 HP-65 是惠普公司的第一台磁卡-可编程手持式计算器,用户可以利用它编写 100 多行的程序,还可将程序存储在卡上,对磁卡进行读写。这在 20 世纪 70 年代已经显得很了不得,因而,HP-65 的绰号为"超级明星"。

当"超级明星"和美国宇航员一起登上"阿波罗号"进入太空的时候,在新墨西哥州洛斯阿拉莫斯边远山区的费根鲍姆则用它来与逻辑斯蒂系统中的混沌魔鬼打交道,探索魔鬼出没的规律。费根鲍姆喜欢写点小程序,用计算来验证物理猜想。早在十几年前的大学时代,首次使用电脑时,他就在一小时之内写出了一个用牛顿法开方的程序。

这次,费根鲍姆感兴趣的是逻辑斯蒂分岔图中出现得越来越多的那些三岔路口。他用计算器编程序算出每个三岔路口的坐标,即k值和相应的$x_{无穷}$值。画在纸上,构成了图 4.1.2 中的曲线。

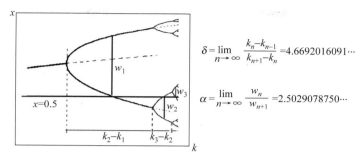

$$\delta = \lim_{n \to \infty} \frac{k_n - k_{n-1}}{k_{n+1} - k_n} = 4.6692016091\cdots$$

$$\alpha = \lim_{n \to \infty} \frac{w_n}{w_{n+1}} = 2.5029078750\cdots$$

图 4.1.2　费根鲍姆常数

和林童一样,费根鲍姆也注意到了随着 k 的增大,三岔路口到来得越来越快,越来越密集。从第一个三岔口 k_1 开始:$k_1 = 3, k_2 = 3.44948697, k_3 = 3.5440903, k_4 = 3.5644073, k_5 = 3.5687594, \cdots\cdots$ 仅仅从 k 的表面数值,费根鲍姆没有看出什么名堂,于是,他又算出相邻三岔路口间的距离 d:

$$d_1 = k_2 - k_1 = 0.4495\cdots$$
$$d_2 = k_3 - k_2 = 0.0946\cdots$$
$$d_3 = k_4 - k_3 = 0.0203\cdots$$
$$d_4 = k_5 - k_4 = 0.00435\cdots$$

从这些 d 之间,费根鲍姆好像看出点规律来啦! 每次算出的下一个 d,都大约是上一个 d 的五分之一! 当然,并不是准确的五分之一,而是比例值差不多! 好像有个什么常数在这儿作怪,多计算几项看看吧:

$$d_1 / d_2 = 4.7514$$
$$d_2 / d_3 = 4.6562$$
$$d_3 / d_4 = 4.6683$$
$$d_4 / d_5 = 4.6686$$

$$d_5/d_6 = 4.6692$$
$$d_6/d_7 = 4.6694\cdots$$

你们看,上面列出的这些比值都很接近,但又并不完全相同,两个相邻比值之间的差别却越来越小,费根鲍姆再计算下去,又多算了几项后,便只能得到一样的数值了,因为计算器的精度是有限的啊。于是,费根鲍姆便作了一个猜测,这个比值,$(k_n - k_{n-1})/(k_{n+1} - k_n)$ 当 n 趋于无穷时,将收敛于一个极限值:

$$\delta = 4.669201609\cdots$$

同时,费根鲍姆也注意到,分岔后的宽度 w 也是越变越小,见图 4.1.2 中所标示的 w_1、w_2、w_3 等(这个宽度从 $x = 0.5$ 测量,图中的红线)。那么,它们的比值是否也符合某个规律呢?计算结果再次验证了费根鲍姆的想法,当 n 趋于无穷时,比值 w_n/w_{n+1} 将收敛于另一个极限值:

$$\alpha = 2.502907875\cdots$$

啊,原来这个分岔图中隐藏着两个常数!费根鲍姆深知物理常数对物理理论的重要,一个新概念、新理论的诞生往往伴随着新常数的出现,比如牛顿力学中的万有引力常数 G,量子力学中的普朗克常数 h,相对论中的光速 c……诸如此类的例子太多了。新常数的发现也许能为新的革命性的物理理论打开新窗口。想到这儿,费根鲍姆欣喜若狂,立即打电话给他的父母,激动地告诉他们他发现了一些很不平凡的东西,他可能要一鸣惊人了。

4.2　再回魔鬼聚合物

再继续一段费根鲍姆的故事。

当时的费根鲍姆太乐观、太自信了。当他将有关这两个常数的论文寄给物理期刊后,两篇文章却都遭遇被审稿者们退稿的命运,不过,费根鲍姆并不气馁,仍然心无旁骛,继续深究,直到 3 年之后,人们对混沌现象了解更多了,思考更成熟了,学术界才逐渐认识到费根鲍姆这个工作的重要性，于是，费根鲍姆的论文得以发表，他本人也身价倍增，被曾经做过两年临时助理的康奈尔大学聘回去当教授。"十年寒窗无人问，一举成名天下知"，学术界也是世俗社会的缩影，人性使然，社会现实，如此而已，毫不为怪。

林童讲完了费根鲍姆的故事，大家边听边议论，感慨费根鲍姆用一个简单的计算器就作出了混沌理论中的一个重大发现。张三说："现在，计算机的图像显示功能这么好，我经常把这个分岔图放大来放大去，玩来玩去的，但对其中隐藏的这个普适规律却熟视无睹，可见，作出科学上的重大发现，并不是一定要有最好的研究条件和设备，还是人的因素第一，重在独立思考呀。"

当费根鲍姆自己谈到他的这个发现时曾经半开玩笑地说过："我对分岔速度几何收敛的猜想，是逼出来的。"他的意思是说，当时他的计算器算得很慢，如果想要画出一个较为细致的分岔图是不现实的。比如，像我们现在这样，用计算机编程，对每一个离得不远的 k 值，我们都要用逻辑斯蒂方程作几百次迭代运算，才能画出分辨率颇高的倍周期分岔图。现在的手提电脑，完成整个计算任务，顶多几分钟就够了，但用他的 HP-65 计算器，恐怕要算好多天。因此，费根鲍姆被"逼"着动脑筋想办法，因为他感兴趣的只是分岔点，所以只需要对每个分岔点附近的几个 k 值作迭代就可以了，并不需要对所有的 k 值作迭代。于是，费根鲍姆被逼着研究分岔点之间的规律，试图从一个分岔点预言下一个分岔点的位置，这样就可以直接跳到下一个分岔点附近作计算，大大节约运算的时间。换句话说，计算器速度太慢的困难迫使费根鲍姆领悟到并利用了分叉间距的几何收敛性，也同时导致了费根鲍姆常数的发现。试想，如果当时费根鲍姆利用的是大型高速电子计算机，没准儿他就与这个重大发现擦肩而过了。

开始时，费根鲍姆以为他的常数可以用别的已知常数表示出来。比如 π、e 等著名常数，但是凑了好多天也没有凑出任何结果。费根鲍姆想，难道这是反映混沌世界出现的两个特别常数？如果只是与有序到混沌的过程有关，那么，除了逻辑斯蒂系统之外，在别的系统，混沌魔鬼是不是也按照这个规律出现呢？想到这儿，费根鲍姆再一次拿起了他的宝贝计算器，对另一个简单的非线性系统（正弦映射系统）：

$$x_{n+1} = k\sin(x_n) \tag{4.2.1}$$

产生混沌的倍周期分岔过程作研究。

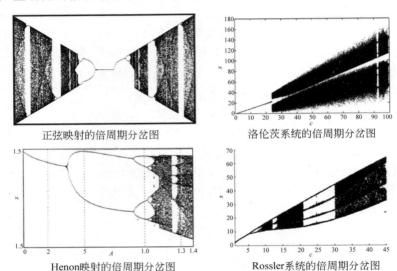

正弦映射的倍周期分岔图　　　　　洛伦茨系统的倍周期分岔图

Henon映射的倍周期分岔图　　　　Rossler系统的倍周期分岔图

图 4.2.1　更多的倍周期分岔混沌系统

对正弦映射系统倍周期分岔过程的计算结果让费根鲍姆激动不已，因为结果表明：正弦映射系统中的混沌魔鬼，与逻辑斯蒂系统的混沌魔鬼，遵循着一模一样的规律。它们诞生的速度比值中都有一个同样的几何收敛因子：

$$\delta = 4.669201609\cdots$$

分岔后的宽度也和逻辑斯蒂系统的分岔宽度，遵循同样的几何收敛因子而减小：

$$\alpha = 2.502907875\cdots$$

正弦映射和逻辑斯蒂映射的迭代函数完全不一样，一个是正弦

函数,另一个逻辑斯蒂映射,是二次的抛物线函数

$$x_{n+1} = kx_n(1 - x_n) \qquad (4.2.2)$$

但是,两个系统中的混沌魔鬼却以同样的速度诞生!这个奇妙的事实说明,δ 和 α 两个费根鲍姆常数与迭代函数的细节无关,它们反映的物理本质应该是只与混沌现象,或者说是只与有序到无序过渡的某种物理规律有关,这就是学术界最后所领悟到、不得不承认的费根鲍姆常数的普适性。简单的 HP-65 计算器的确功劳不小,1982年,费根鲍姆被聘为康奈尔大学教授。1986 年,费根鲍姆获得沃尔夫物理奖,同一年,他受聘为洛克菲勒大学教授至今。

之后,各行业的专家们研究了更多动力系统的倍周期分岔现象,其中包括洛伦茨系统、逻辑斯蒂系统、正弦映射、Hénon 映射、Navier-Stokes 映射、电子混沌电路、钟摆等,我们在图 4.2.1 中列出了其中的一部分。人们发现,只要是通过倍周期分岔而从有序产生混沌的过程,都符合费根鲍姆常数所描述的规律。不过,对费根鲍姆常数更深一层的物理本质,似乎仍然知之甚少,科学家们仍在努力探索中。此外,从有序过渡到无序的过程,除了通过倍周期分岔之外,还有三周期分岔、多周期分岔,以及别的途径,这些理论还不十分清楚,都有待人们去研究和发掘,这是一个值得人们去探索、耕耘的新领域。

费根鲍姆常数也出现在曼德勃罗集美妙的图形中,那个被曼德勃罗自己称之为"魔鬼聚合物"的图形,将逻辑斯蒂映射中的魔鬼聚合在它的实数轴上,见图 4.2.2:

实际上,逻辑斯蒂系统的迭代方程(4.2.2)可以很容易地变换成同为二次函数的曼德勃罗集迭代方程:

$$x_{n+1} = x_n \cdot x_n + c \qquad (4.2.3)$$

不过这儿的 c 只取实数值。当 c 值从 -2 变到 $1/4$ 时,用曼德勃罗集的公式 4.2.3 进行迭代,并将对应于每一个 c 值的、迭代 100 次到 200 次的结果用黄色点表示出来,便能得到如图 4.2.2 左上图所示的、和从逻辑斯蒂迭代所得到的、一模一样的倍周期分岔图。

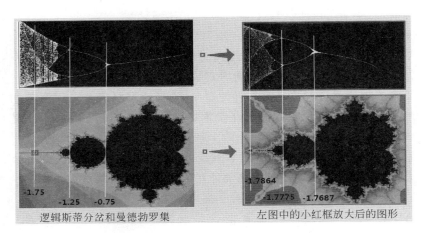

逻辑斯蒂分岔和曼德勃罗集　　　　左图中的小红框放大后的图形

图 4.2.2　倍周期分岔图和曼德勃罗集（彩图附后）

注：连接上下两图的白色竖线表明逻辑斯蒂分岔和曼德勃罗集之间的关联，白
线下端的数字对应于曼德勃罗集中不同的复数 c 的实数值。

　　图 4.2.2 中连接上下两图的白色竖线表示逻辑斯蒂分岔和曼德
勃罗集之间的关联，白线下端的数字对应于曼德勃罗集中不同的复
数 c 的实数值。

4.3　混沌游戏产生分形

　　三个朋友站在一起聊天，三句话不离本行，话一出口就是分形和
混沌，以及相关的科学家们。王二提起了庞加莱错过了发现狭义相
对论的故事："我想，庞加莱本质上是保守的。而且，他的数学眼光
又大大超越了他的物理眼光和哲学眼光……"

　　李四很赞同王二的说法："对呀，你们看，他在狭义相对论的表
现和他在看到混沌现象时的表现，都是出于同样的在哲学上和物理
上的保守观念。其实，当初他已经发现了对初始条件极为敏感的混
沌现象。但有人认为，庞加莱并没有把他对同宿交错网，也就是对混
沌现象的全部想法完全写进他的著作。他最后提交的有关三体问题

论文,有长长的 270 多页,而且后来,他还就此问题,发表了三大卷《天体力学的新方法》,对天体力学做出了重要的贡献。但是,他对同宿交错网及混沌呢,却只是在他的书的第三卷第 397 节中简单提了一下,庞加莱当时只是为了强调:N 体问题的解的复杂性超出了人们的想象能力。到底如何复杂法,他并没有说清楚。如果庞加莱在他的著作中,将他对混沌的直觉,多写一些,没准儿就提前好些年发现混沌理论啦。"

张三说:"唉,在那个时代,也难为他了……19 世纪末期,人们对自然界的基本理解是决定论的。"

的确,这种混沌的想法完全不符合当时知识界的乐观情绪。那时的人们津津乐道的是,若给定现在的状态,则人类有能力预测未来的一切!

谈到这个话题,张三又想起了他们曾经讨论过的决定论:"上次李四不是说过吗?根据量子力学,初始条件是无法精确确定的,这个观点的确很有道理。张三说,尽管我不懂量子力学,但我也听过量子力学中的不确定原理……其实,不确定原理并不难理解嘛。在工程中,也有两个物理量不可能同时被精确测量的情况。比如说:时间和频率。这是因为,所谓频率,指的是一段时间内的振动次数。如果你把这一段时间精确到一个理想的时间点的话,频率当然就失去意义了,就像对一个时间点,速度的定义失去其意义一样。不过,我对混沌现象、决定、还是非决定这些概念,仍然有所疑问。虽然叫做混沌,看起来杂乱无章、一片混乱,虽然貌似随机,但是,我总觉得这种混沌现象与真正的随机过程还是风马牛不相及,它们毕竟是确定的微分方程的解啊!另外,洛伦茨方程产生的混沌与三体问题中的混沌,还是不同的吧?因为它们是与不同的微分方程有关嘛。所以,我们这儿讨论的混沌,有一些,怎么说呢……好像仍然包含着决定的成分……"

王二很快领悟到了这其中的奥妙:"难怪啊!我总看见书上把它们叫做决定性的混沌(deterministic chaos),看来这就是原因了!"

不过,王二不同意张三所说的"混沌现象与真正的随机过程风马牛不相及"这个观点,王二提到了最近他在一本书上看到的混沌游戏。

李四也说:"我们所说的混沌现象的确并不完全等同于随机,但是和随机过程有关系,它是随机过程和决定规律的结合。洛伦茨方程产生的混沌,显然不同于三体问题产生的混沌,因为它们有不同形态的奇异吸引子,分别作为它们各自的标签! 这些奇异吸引子对应于不同的分形,分形有决定的一面,也有其随机的一面。正如王二所说,从本章介绍的混沌游戏,我们将看到:分形可以从随机过程中产生!"

总结我们迄今为止所介绍过的分形,大概有如下三类:

1. 科赫曲线、谢尔宾斯基三角形、分形龙等,可以从线性迭代过程产生;

2. 曼德勃罗集、朱利亚集,从非线性复数迭代过程产生;

3. 奇异吸引子,由洛伦茨方程或三体运动方程等非线性微分方程组产生。

前面几章中,曾经介绍用迭代的方法构成分形。而随机过程如何产生分形呢? 我们以谢尔宾斯基三角形为例(图 4.3.1)。

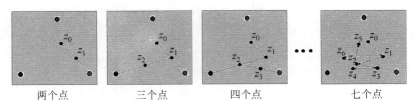

| 两个点 | 三个点 | 四个点 | 七个点 |

图 4.3.1　用混沌游戏方法生成谢尔宾斯基三角形(彩图附后)

在初始图形上,画上红、绿、蓝三个顶点,以及随意选择的起始点 z_0,再准备一个能随机产生红、绿、蓝之一的随机发生器。这很简单,比如说,我们可以将标有 $1\sim6$ 的骰子重新贴标签:第 1、4 面贴红色,2、5 面贴绿色,3、6 面贴蓝色,这样,这个骰子就能让我们达到随机选择红、绿、蓝的目的了。然后,我们就可以开始混沌游戏。

图 4.3.1 所示,从 z_0 开始,利用随机选出的颜色点(这时是绿色),取 z_0 到绿点的中点,作为下一个点 z_1,然后,又利用再次随机选出的颜色点(这时是蓝色),取 z_1 到蓝点的中点,作为 z_2……以此往复地做下去,得到 z_3、z_4、z_5、z_6……

张三有点不耐烦了:"你这些乱七八糟的点,看不出什么名堂啊……"

王二叫他别急,统计现象嘛,一定要有足够多的实验点才能见效果的。果然如此,从图 4.3.2 可见,如果用大量随机的点作上面的混沌游戏,最后构成了谢尔宾斯基三角形。

500点　　　　　1000点　　　　　5000点

图 4.3.2　生成谢尔宾斯基三角形的混沌游戏,
不同实验点数的不同结果(彩图附后)

张三看看图 4.3.2,又回头再去看图 4.3.1,心中琢磨:像这样,每次随机选择一个顶点,取中点作为下一点,一直做下去,怎么就产生出谢尔宾斯基三角形来了呢?想着想着,脑中突然灵光一闪,似乎觉得不难理解了。因为他想起:在用迭代法产生谢尔宾斯基三角形的时候,每次迭代的过程,都是将原来图形的尺寸缩小到二分之一,变成三个小图形,放在三个顶点附近而成的。这迭代时的尺寸缩小一半,肯定就和这儿混沌游戏中的取中点关联起来了!不过嘛,图形迭代时,我们看到的是同时产生了三个小三角形,像是平行运算。在混沌游戏中,所有分形的点却是一点接一点,串行而随机地加到图上去的。嘿,这就是为什么叫做混沌游戏吗?有意思!看起来混沌,本质上却和迭代的效果是一样的!

张三想通了混沌游戏产生谢尔宾斯基三角形的奥秘,心中得意,

刚想解释给朋友们听听,没料到王二已经早他几天看过有关混沌游戏的书,比他理解得还更深一层,提出了一个他没想过的新问题。王二问李四:

"用混沌游戏产生谢尔宾斯基三角形比较简单。像你说的:随机选择顶点,再找中点就可以了。但是,一般分形的情况怎么办呢?还有那些由非线性方法产生的分形呢?也能用混沌游戏产生出来吗?"

李四认为,原则上应该是可以的,虽然他没有做过。数学家们的特点,不就总是从一个特殊的例子,抽象成一个一般的数学问题,再研究出一般的解决方法吗?

产生分形所用的迭代方法,可以抽象成一组收缩变换函数,数学家们将此称为迭代函数系统(iterated function system,IFS)。任何分形,只要找到了对应的 IFS,就能用迭代法(或者是混沌游戏的方法)产生出来,非线性的情况也一样。比如说,下面公式即为谢尔宾斯基三角形的 IFS:

$$f_1(z) = z/2$$
$$f_2(z) = z/2 + 1/2$$
$$f_3(z) = z/2 + (\sqrt{3} + 1)/2$$

王二点点头,张三也觉得更明白了:啊,原来是用迭代函数系统将它们联系起来。谢尔宾斯基三角形的 IFS 中这么多的 1/2,不就是我刚才想到的尺寸缩小一半和取中点此类操作的数学表达吗?只听王二又说:

"你刚才总结过有三类不同的分形,前面两种分形(简单的和曼德勃罗集等)都显而易见地可从迭代过程产生。那种奇异吸引子的分形不是微分方程的解吗?那怎么从迭代过程产生啊?"

张三高兴了,终于找到了表现的机会,赶快抢答。因为这个问题他再清楚不过了,他在画洛伦茨吸引子等图的时候,就是从初始时间 t_0 时的初值开始,用迭代法产生下一个时间 t_1 时的值,以及再下面的 t_2、t_3 …时刻的数值。这样做的原因是因为找不到微分方程的精确解,因而只能用迭代法得到数值解。

王二恍然大悟:啊,原来如此!

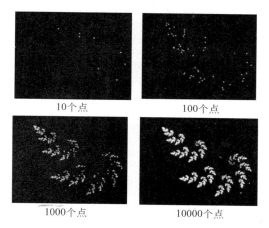

10个点 100个点

1000个点 10000个点

图4.3.3 生成树叶的混沌游戏

4.4 混沌和山西拉面

看见张三在黑板上写下这个标题,王二惊奇得张大了嘴巴:"你写错了吧? 混沌和山西拉面有什么关系啊?"

李四心中有数,不过也接着王二的话笑嘻嘻地调侃了一句:"是啊,看来我们今天要听一堂美食讲座啦,可能是馄饨和山西拉面吧? 哈哈,张三不正好是山西人吗……"

张三也笑了,不过又迅速地按了一下计算机鼠标,用手指向屏幕上的图形,即图4.4.1,不慌不忙说:"你们仔细看看,这图(a)所显示的洛伦茨吸引子,也就是混沌的标签,它和图(b)中这位超人表演的山西拉面,看起来不是挺像的吗?"

"还真像啊!"王二仍然面对屏幕吃惊地张着嘴巴,像是要把那一大团山西拉面给吞下去,直到林零用手指在他下巴上搯了几次才慢

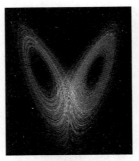 

(a) 洛伦茨吸引子　　　　　　　(b) 山西拉面

图 4.4.1　洛伦茨吸引子和拉面

慢恢复了常态,坐下来静听张三对此奇怪的题目作何分解。

　　山西拉面和混沌现象的确能扯上点儿关系,不仅仅是图中显示的最后结果,还因为它们的形成过程也有许多相似之处。当然,图 4.4.1(a)中洛伦茨吸引子显示的是动力系统的混沌解在相空间的轨道,而图 4.4.1(b)山西拉面表演中显示的是拉细了的面条。但是,尽管两个图中的具体对象风马牛不相及,我们却可以用一个同样的数学模型来描述它们生成的过程,那就是美国数学家史蒂芬·斯梅尔 1967 年发现的"马蹄映射"(图 4.4.2)。

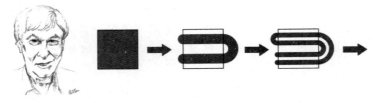

图 4.4.2　史蒂芬·斯梅尔和他的"马蹄映射"

　　简单地说,马蹄映射可以作如下理解:

　　将一个方形沿一个方向压缩,而沿另一个方向拉长,再折叠起来成一个马蹄形,马蹄的绝大部分放回原来的方形中。第二次,又将所得图形压缩、拉长、折叠,然后,再压缩、拉长、折叠;同样如此的操作,循环往复下去,直到……

王二耐不住了,赶快接嘴:"直到……哈哈,直到面条拉到我们喜欢吃的粗细为止。"

对呀,大家都从几何图形变换的角度,直观地明白了马蹄映射!如果我们用通俗的语言来描述,那不就正是山西拉面大师傅用一个大面团制作拉面的过程吗?

不过,这史蒂芬·斯梅尔何许人也? 马蹄映射与混沌理论又有什么关系? 当我们已经学习并了解了混沌现象的方方面面之后,为什么又要学它呢?

让我们从这儿的主角斯梅尔谈起。

史蒂芬·斯梅尔于 1930 年生于美国密歇根州。这个道地的美国佬有两点与众不同的独特之处。一是他出生于一个美国共产党员家庭,他本人也是一个激进活跃的共产党员。第二个特点是:虽然他在朋友们的眼中是一个聪明的小伙子,但他在大学时的成绩,却似乎毫无突出可言,平均成绩为 C,偶然得一两个 B 而已。

也许金子总要发光,不管怎么样,斯梅尔后来终于浪子回头,大器晚成。从获得博士学位后到芝加哥大学任教开始,一头便栽进数学,迷上了庞加莱创立的拓扑学,且频频作出世界级水平的成果。

拓扑学研究的是几何图形的某种不变的内在性质。比如说,从拓扑学的观点看来,用面团揉成的球,和面团揉成的椭球是一样的。但是,如果将面团做成面包圈,就和面团球的拓扑形状不一样了,因为这时候,面团的中间有了一个洞。因此,可以通俗地说,拓扑学便是专门研究一个几何形体有没有洞、有多少个洞、有没有打结、如何打结、打了几个结等诸如此类的问题。这些问题听起来好像不难,但是,如果要你用严格抽象的数学语言来描述,还不是仅仅研究像面团这种我们眼睛能看得见的二维三维情形,而是 n 维情形的话,你恐怕就要伸舌尖、皱眉头啦。

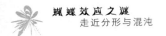
　　斯梅尔虽然读书时的成绩差强人意，可玩起拓扑的问题来却是得心应手。1957年初出茅庐的他就解决了一个世界水平的球体翻转问题，证明了将一个球面很好地从内翻到外是可能的。过了两三年之后，斯梅尔玩拓扑的高明技巧再一次一鸣惊人，他证明了"广义庞加莱猜想"。这次的成就令世人瞩目，还使他赢得了1966年的菲尔兹奖，这是数学领域的最高荣誉，人们常将其称为"数学界的诺贝尔奖"。斯梅尔又于2006年获得沃尔夫（Wolf）奖。

　　斯梅尔在数学上有十分惊人、超凡脱俗的洞察力。在别人认为更困难、不容易突破的研究方向上，他往往猛下工夫，而又总能出人意料地取得成果。就说他破解"广义庞加莱猜想"一事吧，原版的"庞加莱猜想"是针对四维以下的拓扑流形的。实际上，一二维的情况很平凡，早在19世纪就已经解决，只剩下三维情况未解。而"广义庞加莱猜想"呢，针对的是四维和四维以上的拓扑流形，正如我们刚才所说的，高维的几何图形超出人的想象能力，一般要比低维的情况更困难。因此，大多数的数学家都死命地啃三维"庞加莱猜想"这根原始大骨头。可是，斯梅尔与众不同，从一开始就咬住四维以上的情况不放，也许在他的潜意识中已经意识到，这个特殊问题对高维可能更容易吧。总之，斯梅尔最后使他的同行们大吃一惊，这根高维骨头居然被他啃断了！而直到超过20年之后，1982年，四维的情形才被Michael Freedman解决，他也获得菲尔兹奖。又过了超过20年，在2003年，37岁的俄罗斯数学家Grigori Parelman最终解决了三维的原版庞加莱猜想，也得到菲尔兹奖，以及Clay研究所的百万美元奖金。但是，Grigori Parelman却拒绝了这两个许多数学家梦寐以求的荣誉，此是题外话，在此不表。

　　言归正传，还回到斯梅尔及其与"混沌和山西拉面"有关的故事。

　　斯梅尔攻破"广义庞加莱猜想"是在里约的海滩上。美丽的海边风光和巴西多姿多彩的文化气氛，也许最能激发科学家的想象，斯梅尔是庞加莱的粉丝，在迷人的海滩上，他不仅喜欢庞加莱开创的拓扑学，也时而追求庞加莱一手调教的另一个宠儿：非线性动力系统理论。是啊,拓扑和动力系统,无论是在蔚蓝海水里畅游,还是蹦进街上的人群中狂跳桑巴舞,斯梅尔的脑海中总摆脱不了这两个倩影。

对动力系统,斯梅尔感兴趣的是所谓结构稳定性的问题。我们在第 2 篇 2.9 中,介绍了李雅普诺夫指数,也讨论过逻辑斯蒂系统的稳定性问题。复习一下图 2.9.4 中所显示的逻辑斯蒂系统的李雅普诺夫指数,我们记起来了:指数为负数时,系统稳定;如果指数大于 0,则系统不稳定,出现混沌。

李雅普诺夫指数所对应的是系统的局部稳定性,是关于每个平衡点稳或不稳的问题,与斯梅尔考虑的结构稳定性不同。结构稳定性考虑的是系统整体全局性的稳定。

我们用一个不很恰当的比喻来说明这种不同。

图 4.4.3 中,图(a)和图(b)表示一种特别形状的摇篮。这种摇篮底部凸凹不平。对小宝宝(图中用小球表示)来说,位置 2 是不稳定的,位置 1 和 3 是稳定的。与这种稳定性对应的李雅普诺夫指数在 2 处为正,在 1、3 则为负。因此,图(a)和图(b)的摇篮都有两个稳定点:1 和 3。

(a) 结构稳定的摇篮
轻微扰动不改变
两个固定状态

(b) 结构不稳定的摇篮
轻微扰动将固定状
态数目从 2 变成 1

(c) 状态数可以无限多但
结构可算稳定的摇篮

图 4.4.3　结构稳定性示意图(彩图附后)

　　然而，如果我们谈到结构稳定性的话，图(a)和图(b)就有所不同了。结构稳定性考虑的是系统参数改变一点点的时候，系统的动力行为是否有本质的变化。在我们的例子中，就是研究将摇篮稍加摆动时的情形，比如，我们将摇篮向左摆动一个小角度。图(a)的摇篮应该没有什么大变化，点 2 仍然不稳定，1、3 稳定。图(b)的摇篮就有变化了，点 1 被抬高一点点，就会从稳定点变成不稳定点，因而使得系统从两个稳定点变成了只有一个稳定点，这就叫做系统的动力行为有了本质的变化。所以我们说，图(a)是结构稳定的，而图(b)则"结构不稳定"。

　　在图(c)中，我们将两个平衡点的摇篮换成了一种形状不定的充气小屋，用以模拟具有无限多种平衡状态的混沌系统。在小屋里的孩子们东倒西歪，无法站稳，没有局部的稳定性，系统可以有很多种状态，颇似混沌。并且，稍微的摇动也不会改变这种整体结构的本质性质，其中的孩子总体来说是稳当的、安全的。

　　因此，斯梅尔等研究的动力系统稳定性，是整体拓扑结构的稳定性。但是，斯梅尔一开始犯了一个错误。他错误地猜测这种稳定性只适用于非混沌解的系统，而猜测混沌系统不可能是结构稳定的。

　　后来，MIT 的莱文松(N. Levinson)致信斯梅尔，给他提供了一个结构稳定的混沌系统的反例，促使他更深入地研究混沌系统的结构稳定性问题，思考轨道的形状在相空间中的拓扑变换。正如斯梅尔 1998 年在一篇文章中回忆道："我原来的猜想错了。混沌已经隐含在 Cartwright 和 Littlewood 的分析之中！现在谜团已经解开，在这个学习的过程中，我发现了马蹄！"[24]

　　斯梅尔用马蹄映射的压缩、拉伸和折叠来模拟动力系统中混沌轨道复杂性的形成过程，这实际上就像厨师揉面团的过程，也是山西拉面的制作过程。伸缩变换使相邻状态不断分离而造成轨道发散，折叠变换产生不可预见的不规则轨道形态。比如说，如果厨师在揉面团之前在面团表面涂上一层红色，在不停循环往复的揉捏、擀平、压缩、卷曲过程中，红色面粉粒子就如同动力系统的轨道，原来相近

的可能逐渐分开,原来距离很远的可能不断靠近,最后完全忘记了它
们的初始状态,呈现混沌(图 4.4.4)。

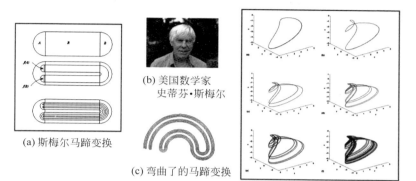

(a) 斯梅尔马蹄变换

(b) 美国数学家
史蒂芬·斯梅尔

(c) 弯曲了的马蹄变换

(d) 单涡旋混沌的形成中有马蹄变换的影子

图 4.4.4　马蹄映射和奇异吸引子的形成(彩图附后)

斯梅尔证明了,马蹄映射函数既是混沌的,又是结构稳定的。因
此,在马蹄映射中,混沌、局部不稳定、结构稳定,三者同时存在。这
也有些类似图 4.4.3(c)中摆动的充气屋,混乱、站不稳、安全,三者
共存。又如同我们熟悉的洛伦兹吸引子图像那样,混沌轨道互相交
叉缠绕,永不重复,但整体来说却结构稳定。

马蹄映射以严格的数学模型解释了混沌的本质,提供了一个对
动力系统运动的直观几何图像,证明了混沌吸引子的确存在,不是计
算机的数值计算误差制造出来的,而主要是由于系统的非线性特性
在作怪。

混沌现象是非线性系统的特征,有限维的线性系统不会生出混
沌魔鬼,但无限维的线性系统有可能产生混沌。此外,以微分方程描
述的连续系统和与其对应的离散系统的混沌表现也有所不同。庞加
莱(Henri Poincaré)曾经证明,只有大于三维的连续系统才会出现混
沌。而离散系统则没有维数的限制,我们讨论过的逻辑斯蒂映射便
是一个一维系统出现混沌的典型例子。

　　自然界中更多的是非线性系统,自然现象就其本质来说,是复杂而非线性的。因此,混沌现象是大自然中常见的普遍现象。当然,许多自然现象可以在一定程度上近似为线性,这就是迄今为止传统物理学和其他自然科学的线性模型能取得巨大成功的原因。

　　随着人类对自然界中各种复杂现象的深入研究,各个领域越来越多的科学家认识到线性模型的局限,非线性研究已成为 21 世纪科学的前沿。

5 第五篇

混沌魔鬼大有作为

英国沃里克大学的数学家和科普作家伊恩·斯图亚特在他早期一篇有关混沌的文章中谈到"混沌有何用处"的问题时曾说过,这个问题有点像是问"一个新生儿有何用处"一样。一个新生的理论在产生实际应用之前需要有一个成熟的过程。令人鼓舞的是,混沌理论问世之后几十年,应用于许多学科,既用于科研,也用于解决实际问题。

5.1 单摆也混沌

差不多是将近半个世纪之前的故事了:在意大利比萨城的大教堂里,众多的祈祷者中,有一个年轻人却目不转睛地盯着天花板上不停摆动的吊灯……

他不是在怀疑巨大沉重的吊灯会突然掉到人群头顶上而酿成大灾祸,也不像是在欣赏古老灯盘上的艺术花纹。只见他用右手指按住自己左手腕的脉搏,心中像是正在默默地计数。最后,旁观者终于明白了,原来他是在计算这吊灯每分钟摆动的次数,或者说,用他的脉搏来测量吊灯每摆动一次所需要的时间。

这个当时不到 20 岁的青年人名叫伽利略。他就从这个简单的、长年累月无人注意的吊灯的摆动现象中发现了一个伟大的物理定律:尽管吊灯摆动时的幅度可大可小,但摆动的周期却是一样的!

接着,伽利略又对这种后人称之为单摆的物理系统进一步做了大量的实验,得出了单摆在小幅度摆动时的运动规律:摆动的周期 T 只与摆长 L 有关,而与摆锤重量及摆幅大小无关。

$$T = 2\pi \sqrt{L/g} \qquad (5.1.1)$$

之后,惠更斯利用摆的这种等时性发明了钟表,单摆的这个简单原理在机械钟表制造中沿用至今。单摆的简单而易于理解的运动规律,也使它成为中学的经典物理教学中必不可缺的内容。

四百多年后,当洛伦茨用"蝴蝶效应"一词,扇起了科学界的混沌风暴之时,物理学家们也回过头去重新认真考察类似单摆这种貌似简单的物理系统。

其实,物理学家们早知道单摆运动定律的极限,如图5.1.1所示,单摆的等时性本来就是建立在摆动振幅比较小的时候的线性数学模型基础上。也许是因为线性模型在物理学中太成功了,经典科学家们在线性近似的汪洋大海中沉溺颇深,每个人都明白钟摆的工作原理,每个物理教师都能够在课堂上头头是道地解释公式(5.1.1)的来龙去脉,每个学过中学物理的学生都做过简单的测量单摆周期 T 的实验。可是,对此简单现象,大师级人物不屑一顾,普通人不过人云亦云,很少有人去认真探索和思考:一个更符合实际情况的,非线性的,特别是在既有阻尼,又有外力作用下的单摆,将如何运动呢?

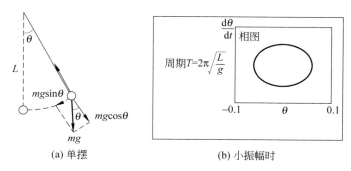

(a) 单摆　　　　　　　　(b) 小振幅时

图 5.1.1　单摆的线性模型

这个简单的经典课题在混沌理论的冲击下展现了它丰富多彩的崭新面貌。

回头考虑公式(5.1.1)。它是在一系列近似假设下得出的结论,

这些假设条件包括：

1. 单摆是没有外力作用下的自由运动；

2. 单摆运动时没有阻尼和摩擦，也就是说，一旦摆起来，便永远摆下去；

3. 摆动角度很小，因此角加速度和摆动角度成线性关系。

正如图 5.1.1(a)所示，单摆的运动可以用摆线相对于垂线方向偏离的角度 θ 来描述。物理学中通常用相空间中的轨迹来描述运动状态随时间的演化，单摆的相空间则是由角度 θ 及角加速度 ω 形成的二维空间。符合以上小振幅近似条件的单摆，其相空间的轨迹是一个椭圆，如上面图 5.1.1(b)所示。

如今，对单摆系统的研究表明：单摆的模型虽然简单，但在上述假设条件不成立的情况下，却能产生极其复杂、包括混沌在内的多种动力行为。

从单摆的实验观测到，非线性的单摆有多种通向混沌的道路。比如，我们可举如下一种情形为例。当观察一个既有阻尼，又有外加驱动力的单摆的运动，将会发现：

1. 当外加驱动力较小时，因为摆幅也小，单摆服从线性模型规律，比如等时性；

2. 当外加驱动力逐渐加大，单摆不再维持单一的振动频率，运动状态成为多个频率的组合，其中包含 2 倍频、4 倍频……又同时还有不是倍数的、甚至于不能公约的其他频率……

3. 外加驱动力继续增大，单摆在振动的过程中，有时出现转动……

4. 外加驱动力增大到某个数值之后，出现转动的几率增大，单摆表现出无规律地交换振动和转动模式。一会儿振动，一会儿又转动，但其振动及转动的次数、位置、方向，看起来都是貌似随机的、不确定的。这象征着混沌魔鬼现身了。

以上所描述的单摆运动从有序走向混沌的过程，也可从其相空间轨迹的变化情形看出来。当外加驱动力逐渐增大时，原来的椭圆图形逐渐发生变化。开始时，如果单摆继续维持周期运动，相空间轨迹成为绕着中心转圈的封闭曲线。之后，曲线逐渐变形、破裂，表征转动模式的加入。再后来，破裂越来越多，发生得越来越频繁，最后产生混沌，如图 5.1.2 所示。

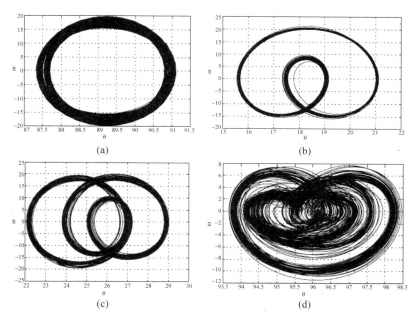

图 5.1.2　从有序到混沌

　　根据实验观测结果，单摆的参数变化时，椭圆图形有多种变化方式，由于变化参数选取的不同而不同。也就是说，除了我们在描述逻辑斯蒂系统产生混沌中提到的"倍周期分岔"的途径之外，从单摆运动还观察到系统从有序过渡到混沌的多种途径，这个"条条大路通混沌"的特点在别的动力系统中也被观测所证实。以下对几种常见的"通向混沌之路"作一简单介绍：

　　1. 倍周期分岔道路[25]。如图 2.7.2 所示，系统通过周期不断加倍的方式逐步过渡到混沌。实验室中研究混沌时经常观察到的、最

基本的通向混沌之路。

2. 准周期道路[26]。系统的周期运动发生变化的情形,后来的周期并不总是一定要变成原来周期的倍数。特别当非线性扰动中有其他频率的分量时,若干个周期不同的信号便叠加起来。如果这些信号周期的最小公倍数不存在,则叠加后的信号为准周期信号。由于准周期信号的不断产生而最终导致混沌的现象,称作准周期通向混沌的道路。

3. 阵发性混沌道路[27,28]。系统参数变化时,原来的规则运动逐渐被一种随机的、突发性的冲击所打断。这种无规律的突发冲击越来越广阔,越来越频繁。系统以这种通过混乱的间歇加入,而逐渐转变为完全混沌状态的过程,称为"突发混沌之路"。在自然界、社会经济、股市涨落中,经常有此类现象发生。湍流的形成过程中经常伴随着"突发混沌"现象。

4. 椭圆环面破裂道路[29]。从单摆的混沌实验,就观察到这种现象。满足小幅度条件下的单摆,相空间轨迹是如图 5.1.1(b)中所示的椭圆。之后,转动模式加入,椭圆曲线逐渐变形、破裂,再后来,破裂越来越多,发生得越来越频繁,还可观察到相空间轨迹呈现出包含精细结构的自相似性质。最后,走向混沌,见图 5.1.3。

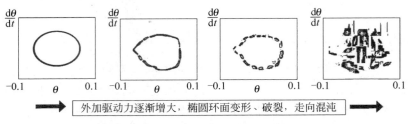

图 5.1.3　环面破裂混沌之路(彩图附后)

通向混沌还有许多其他途径,特别在高维模型中,还有更丰富的混沌发展模式。

5.2　混沌电路

与现代科技有关的名词中,电这个词汇大概是最为公众所熟悉的。完全可以毫不夸张地说,离开了电,很难想象当今的人类文明社会会成为什么样子。蒸汽机和电,是人类社会进步中不可缺少的两大引擎。人类对电的认识,伴随着人类社会的每一次进步。公元前600年左右,希腊哲学家达尔斯就发现了静电;几乎两千年之后,美国的著名政治家兼科学家富兰克林放风筝研究雷电的形成,这是妇孺皆知的故事。富兰克林是一位难得的懂科学的政治家,他起草独立宣言、签署美国宪法,对美国独立的功劳仅次于华盛顿。

如今,电已渗透到人类生活的各个方面,几乎无所不包,无所不用,电是人类文明的火花,给我们的生活带来无限光明。特别是近年来,电子、通信及计算机技术的突飞猛进,这个由电引爆的一系列火花将我们的生活点缀得五彩缤纷。

电子线路不但为我们创造了一个有声有色的文明社会,也为科学家工程师们提供了最便于研究和控制的物理系统。学界对很多混沌现象的研究,包括本书之前所叙述的大部分内容,都是基于一般人不喜欢听的非线性微分方程之类的数学模型。就连电子工程师们也是如此,尽管你磨破了嘴皮告诉他们这些微分方程如何演化到混沌行为,他们仍然想:百闻不如一见啊!既然混沌魔鬼无所不在,肯定在电路中也能找到它的踪影。当然,电子线路中也少不了方程,起码有基于著名的基尔霍夫定律的方程,这些方程看起来有些类似于洛伦茨系统的方程哦!那么,就有可能用我们所熟悉的、看得见摸得着的那些电路元件,造出一个我们能够随意控制的小玩意儿,将混沌魔鬼既能诞生其中,又被牢牢关在里面。然后,哈哈,我们便只需站在旁边挥舞指挥棒,就能让魔鬼在小盒子中尽情地表演一番啦!

最擅长鼓捣电子线路的日本人就是这样想的。日本早稻田大学松本实验室的学者们相信,虽然洛伦茨系统中的那个貌似蝴蝶翅膀

的古怪吸引子图形来源于气象科学,但我们的电子线路应该能创造奇迹,达到异曲同工之妙。

不过,实验结果很令松本沮丧。他们的确搭建出了一个"洛伦茨"电路,又经过几年来的不断改进,线路越来越复杂,使用了几十个集成电路,能调节各个参数,理论上好像已经不断地靠近洛伦茨系统,可是不知道为什么,这混沌魔鬼就是不肯现身!

1983 年 10 月,加州大学柏克莱分校的美籍华人教授蔡少棠访问松本实验室,才使松本的这个课题有了转机。云开日出,混沌电路诞生于世!

蔡少棠后来在一篇文章中[30],对那一段历史有过生动的描述:

"我来到实验室的第一天,就目睹他们演示这个不断改进的,十分复杂的电路……"

松本实验室企图在电路中寻找混沌的想法也激起了蔡少棠的极大兴趣,蔡毕竟是预言了忆阻器存在的学术界大牛,也不愧为二十几年后响当当的"虎妈"之爸,他数学物理功底深厚,电路理论又玩得溜溜转,当天晚上临睡之前,他已经有了灵感和具体线路的构思,第二天一早,便胸有成竹地将此想法告诉了松本。松本迫不及待地在计算机上模拟这个电路,终于看到了他思念已久的魔鬼!

这个后来被人称为蔡氏电路的第一个混沌电路,比松本实验室的设计简单多了,见图 5.2.1。

蔡氏电路是一个简单的振荡电路[31],运动规律其实也多少雷同于 5.1 节中所说的单摆。只不过单摆是人眼可见的机械运动,而蔡氏电路产生的是电振荡。好在机械振荡和电振荡对一般人来说都不陌生,人们在实用中经常将两者互相转换,比如当我们打电话时,便包括了无数次的电波与声波(机械波)的互相转换过程。

这样,我们不难理解,振荡电路应该和单摆一样,在一定的条件下,有可能产生混沌现象。

话虽这样说,松本实验室的振荡电路,为什么改进了好几年,即便'众里寻他千百度',却仍然不见混沌的踪影呢?

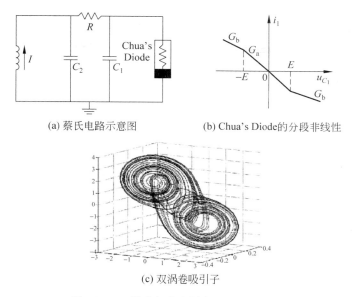

(a) 蔡氏电路示意图　　　(b) Chua's Diode的分段非线性

(c) 双涡卷吸引子

图 5.2.1　蔡氏电路和混沌双涡卷吸引子

　　那天晚上,蔡少棠久久地注视洛伦茨吸引子图的两个颇似蝴蝶翅膀的怪圈,望着那些扑朔迷离、不停绕圈的轨道。这些轨道从一个圈中出发,有时似乎伸展欲飞,但后来却又因为非线性效应,而弯曲折叠到另一个圈中。每个圈都有一个中心点。那么,两个中心点,就意味着系统的两个平衡点……

　　想到这儿,蔡少棠突然意识到,如果振荡电路中只有一个平衡点,可能不容易观察到混沌。如果利用非线性元件,给线路提供两个不稳定的平衡点,也许它们就能互相推动和制约,使得电流产生伸展和折叠的效应。这样,就更像洛伦茨系统,更有可能引发混沌行为了。

　　思路清晰了,再从最简单的振荡电路开始考虑。蔡少棠认为,为了产生混沌,振荡电路至少需满足以下条件:

　　1. 非线性元件不少于 1 个;

2. 线性有效电阻不少于 1 个；

3. 储能元件不少于 3 个。

规定了上面的条件就好办了，那我们就来搭建一个最简单的混沌电路吧。蔡少棠稍作计算，在一个旧信封和几张餐巾纸上画来画去，便画出了符合以上标准的最简单电路，也就是图 5.2.1（a）所示的，之后广为所知的世界上第一个混沌电路——蔡氏电路。看来，由电路产生混沌并不需要像松本实验室的研究人员那样画蛇添足地用上几十个集成电路啊。

不过，要从这个简单电路，观察到洛伦茨的"蝴蝶翅膀"吸引子，仍然并非易事。关键的问题是要巧妙地选择电路中唯一的那个非线性元件的非线性特性。而这个元件需要具有什么样的非线性，才能使这个振荡电路产生两个平衡点呢？

我们经常提到线性和非线性，简单地说，它们是相对于某种输入输出关系而言的。对电路中的元件来说，就是指流过元件的电流，与其两端电压之间的关系。如果这关系能用一条直线表示，则是线性元件，否则便是非线性元件。

既然线性关系可用一段直线表示，非线性的特点便是相对于直线有所偏离。例如，可以用两段直线接起来表示最简单的非线性特征。在蔡氏电路中，如我们在图 5.2.1（b）中所看到的，则用了三段直线连接起来，表示这个被称为"蔡氏二极管"的非线性元件。为什么要用三段直线呢？因为如此得到的振荡线路，将会具有三个平衡点，当我们调节线路的参数，即线性电阻 R 的数值时，可以使得三个平衡点中的两个变成不稳定的平衡点，从而最后观察到混沌现象。

振荡电路产生的混沌易于控制和优化，因而也便于应用。在蔡氏电路中，如果不断地改变电阻 R 的数值，可以得到各种有趣的周期相图和吸引子，可观察到倍周期分岔、单涡卷、双涡卷、周期 3、周期 5 等十分丰富的混沌现象。加上后来又出现了五花八门、形形色色的变化改进了的蔡氏电路，为混沌的研究和应用开辟出一片广阔的新天地。

5.3 股市大海找混沌

今天,几个好朋友一块儿吃中饭,饭桌上又聊起了分形和混沌。李四说:"在我过去的印象中,分形之父曼德勃罗是个物理学家,可我前几天才知道,曼德勃罗不是首先从物理中发现分形,而是从研究股票市场的数据开始,从而激发灵感而创立分形几何的。"

听到股票市场,张三一脸的苦瓜相,叹口气道:"唉,这股票市场太扑朔迷离、太无规律可循了。去年一个朋友买股票赚了一倍,弄得我心里痒痒的,所以,我也试图买了一点股票,现在过去一年了,可是股市一直下降,我的那点小钱被套在里面,也不知道如何是好啊! 如果混沌理论能预测未来的股市,那就好了……"

王二嘻嘻笑:"那你就不要指望混沌理论能救你啦,洛伦茨的气象系统,不就是因为是混沌系统,才得出不可预测的结论吗? 我看股票市场比混沌还混沌,不可能预测的!"

林童眨眨眼睛,脑中突然闪出一个想法,便说:"那也不一定啊,混沌理论虽然取名为'混沌',却并不意味着完全的随机无序呀,不是说那是一种决定性的、有可能能控制的混沌吗?"

王二也立即反应过来了,对林童说:"你说得对呀,也许这才是那些经济学家们,还有股市专家们也来凑热闹,想在经济和金融领域探索混沌的目的啊……"王二又掉过头去,笑对张三调侃了几句:"不过,你那点芝麻小钱恐怕是没希望了,等到混沌理论能用来预测股市的那一天,你的芝麻恐怕早就输得精光了! 上次我哥也想买股票,被我劝住没买,现在他可感谢我啦……哼,我可不干那玩意儿,人得有自知之明、财迷心窍、炒股被套,那不是活该吗……"

王二侃得高兴,比手画脚,忘乎所以。沮丧的张三被他气得暗暗地吹胡子瞪眼差点要发作,坐在王二旁边的林零注意到了,赶快插嘴来转移话题:"别扯远了,快听李四给我们报告一下他的研究心得吧! 曼德勃罗是如何从股市研究发现分形的呢?"

　　李四说,曼德勃罗在 2010 年,他去世 3 个月之前,接受 TED 的采访时,回忆了这段历史[32]。

　　由于分形是边缘学科,既不属于物理学,也非数学的主流。因此,人们经常问曼德勃罗:"这一切是怎么开始的? 是什么让你做起了这个奇怪的行当?"。曼德勃罗在 TED 演讲中风趣地说:"的确很奇怪,我实际上是从研究股市价格开始的,我发现金融价格增量的曲线不符合标准理论啊!"

　　如图 5.3.1 所示,蓝色曲线是标准普尔从 1985 年到 2005 年 20 年间的增长曲线。横坐标是年代,纵坐标则是每一年的平均价格增量。如果你处理真实的、所有股票每天的日价格增量数据,从而企图得到所需要的平均值时,你就会发现:一年 365 天的所有股票中,其中的日价格增量不是很稳定的,对一些个别股票,有尖峰存在。这些尖峰不多,比如说,10 个左右吧。于是,你顺理成章地把这 10 个数据去掉,因为你认为它们造成的不连续性是有害的,况且,它们无关紧要,成不了大器,放在那儿碍眼。

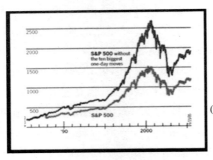

图 5.3.1　标准普尔 20 年增长曲线(彩图附后)

　　然后,你如此处理每年的数据,都把不连续性最大的 10 个股票值除去。你认为你除去的是发生概率很小的部分,应该无伤大雅。但其实不然,从图 5.3.1 中就可以看出来,红色曲线就是 10 个股票值除去后所得的标准普尔曲线,它和蓝色曲线差别是很大的。

因此，曼德勃罗认为，这几个不连续的尖峰是不应该被忽视的。也许，那才是精髓，是问题的所在。如果您掌握了这些，您可能才真正掌握了市场价格。如今看来，藏在这些不连续数据之中的可能就是分形天使和混沌魔鬼的身影了！

于是，早在 1963 年，曼德勃罗研究棉花价格时[33]，就开始用这种分形的观点来描述股票市场，当然，这个研究又反过来帮助他建立了分形几何。按照传统金融学的观点，股票市场遵循有效市场和随机游走的规律。这两个因素使得收益率的概率近似于钟形的正态分布。而曼德勃罗的研究结果却发现收益曲线并不符合正态分布，而是更接近于某种所谓"稳定帕累托分布"。稳定帕累托分布是一种不连续的分形分布，因为所谓稳定，就意味着其时间变化曲线具有类似分形标度不变的某种自相似性。

帕累托分布是以意大利经济学家和社会学家维弗雷多·帕累托（1848—1923）（图 5.3.2）命名的，用来描述财富在个人之间的分配情况。当初，帕累托观察意大利的财富分配情况，发现 20％的人占有了 80％的社会财富，而 80％的人只占有剩余的 20％。比如说，如果总财富值是 100 万元，分配到 100 个人，那么，最后分配的结果会是：排在前面的第一个人，分得 50 万元；前面 4 个人，共分得 64 万元；前面 20 个人，共分得 80 万元；而其余的 80 个人，总共才分 20 万元。

图 5.3.2　意大利经济学家和社会学家维弗雷多·帕累托

这个后来被约瑟夫·朱兰和其他人概括为帕累托法则（也称之为 80/20）的现象，使得帕雷托百思而不得其解：个人和团体的行为是如何导致这个 80/20 法则的？分配的规律为什么不是多劳多得呢？为什么社会分配的结果不是 50/50，而正好是 80/20？之后，曼

德勃罗用稳定帕累托分布来解释股市的胖尾尖峰现象,并且发现,这个 80/20 规律与分形和混沌的概念同出一辙,背后隐藏着深奥的数学原理:它们都来源于动力系统的非线性特点。遗憾的是,帕累托还没来得及知道物理学家们所研究的混沌理论就辞世了。

混沌理论有助于解释 80/20 法则。从混沌理论的观点,50/50 的分配是一种不稳定的状态,正如蝴蝶效应,微小的偏离将会很快被放大。只要稍稍离开平衡态,就会向一边倾斜。有钱的人会愈来愈有钱,不一定是在于他们的能力,而是因为财富会产生财富。类似的道理,同样条件下诞生的、开始时差不多大小的一对异卵双胞胎,有可能因为基因的差异,出生时两者体力方面具有稍微不同的优势和劣势,之后在成长的过程中,这个差异日积月累而被放大,长大后的个头和体型有可能会完全不同。

刚才的例子要说明的是,在传统认识中以为是平衡稳定的状态也许并不稳定,微小的偏差将导致系统按着一个意想不到的方式演化。而破坏这种状态稳定性的根源则基于系统的非线性。

传统的经济学和金融学都使用线性模型,再加上无规行走、布朗运动等随机行为。按照传统金融学的观点,股票市场符合与赌场类似的规律,基本上是由参与者竞争谋利的随机行为决定的,因而得出其概率近似于期望值为零的正态分布的结论。这意味着,无论交易者觉得自己有多聪明,从长远来看,他只能赚市场的平均回报率,或许还要因为交易的费用而亏损。从理论上就不可能存在稳定获利的机会。但这是与股市多年来的实际数据不符合的。

也就是说,正态分布所描述的是一种平衡状态,它是在忽略了某些极端事件情形下得出的近似,这种极端事件被认为是极其罕见的。

金融界学者对收益率的正态分布描述,1959 年作出第一个统计检验的,是海军实验室的物理学家奥斯本(Osborne)[49]。曼德勃罗 1963 年观察棉花价格时也发现了胖尾尖峰现象。市场价格随着时间变动图中,有相当多的突然急升急降的剧烈变化,这些变化不容忽视,它们使得总的分布曲线不同于正态钟形曲线,也正是这个相对于正态分布的"尖峰"和"胖尾",使得分布情形符合 80/20 的帕累托分布原则。金融经济学家尤金·法玛[34] 在 1970 年推广了曼德勃罗的发现,他观察到收益率曲线的尾部比正态分布预言的更宽,而峰部比正态分布预言的更高,表现"尖峰胖尾"。之后,人们在对道·琼斯和 S&P、国库券等价格变化的研究中,也发现了同样的现象。这些研究提供了足够的证据,说明美国的股票市场及其他市场的收益率不是正态分布的。

从此以后,股市收益率究竟服从正态分布还是非正态分布,就成了金融理论一个难解的谜。相信正态分布的学者提倡被动投资,就是买了股票就放着不动,例如指数基金,不指望赚大钱,但是也不大赔,稳赚市场的平均回报率。问题是,正态分布理论忽视金融危机的可能性。低估了危机下的金融风险。美国 2008 年的金融危机,让保守的退休基金会的资产也大幅缩水。相反,相信非正态分布的经济学家,高估了市场的金融风险,也低估了金融机构的资本缓冲。市场的实际情形并非如此,在美国历史上,像大萧条和 2008 年的金融危机,历史上并不多见。这就像瞎子摸象。正态分布派说大象像柱子那样稳,非正态分布派说大象像扇子那样不停摆动。实际呢? 大象有时站着不动,有时焦躁不安。股市也是这样。

从非线性动力学的观点,金融世界更像一个正在演化的有机体。它并不仅仅是个别部分的总和,而是整体的、非线性的,处于一个不平衡的状态,平衡仅是一种稍纵即逝的幻象。

1982 年和 1983 年,美国经济学家德依(R. Day)发表两篇论文,在理论上把混沌模型引入经济学理论,但是没有经验证据的支持[35,36]。之后,以 1987 年"黑色星期一"为契机,混沌经济学形成了一股不小的研究热潮,使混沌经济学开始步入主流经济学的领地。再后来,1985 年开始,巴雷特(Barnett)[37]、陈平(P. Chen)[38]、索耶斯(Sayers)[39] 等人也都在各种市场经济数据中找到了混沌吸引子,但是,对经济混沌的政策含义,经济学家们有很大的分歧。

"我有个问题……"张三打断了正讲得起劲的李四,"我们原来听过的具有混沌吸引子的系统,都是可以用微分方程来描述的系统,然后,在一定的条件下,这微分方程才得到了混沌解,这时相空间的轨道表现为奇异吸引子。可是,这个股票市场有微分方程吗?"

　　"问得好啊! 我也想到差不多的问题:经济和金融中的数学模型是怎样的啊?"这次王二赶快顶了张三一次,像是要为刚才对张三的刻薄取笑而道歉似的。

　　林童也说:"我想,经济和金融中肯定也有数学模型,比如原来的那种得出钟形正态分布的所谓传统理论,不就是用的一种线性数学模型吗。那么,如果采用非线性的模型来替代线性模型,在一定的情况下,不就可以产生出混沌,画出奇异吸引子了吗?"

　　李四认为不那么简单,金融市场太复杂了,影响的因素太多,不那么容易用一个简单的数学模型来描述。当然,林童说的也有道理,经济学家德依在 1983 年就曾经根据生态繁衍遵循的逻辑斯蒂方程来建立经济模型。

　　德依的逻辑斯蒂方程数学模型,对金融市场来说太简化了,现实中并不存在。人们更热衷于利用金融股票市场中多年以来海量的数据积累,企图通过对这些数据的分析,以实证的方法大海捞针,捞出那么几个混沌魔鬼来。

　　后来,陈平(图 5.3.3)从货币指数中首先发现经济混沌,并找到了描写经济混沌的方程,发现经济混沌与交通流和神经元的混沌有共通之处。生物混沌和经济混沌的本质都是大群粒子的集合运动,与布朗运动理论中把股市中的人看成一个单粒子有本质区别。

　　李四又讲到另一个金融市场混沌理论研究方面的权威人士——埃德加·E. 彼得斯[10]。

　　埃德加·E. 彼得斯是美国一家著名投资基金的研究部负责人,该基金管理着 150 亿美元的资产。彼得斯既有丰富的投资实践经验,也有浓厚的经济学理论基础。他根据混沌理论,对金融市场数据作了大量的研究,并相继出版了《资本市场的混沌与秩序》、《分形市

图 5.3.3　经济学家陈平和他的导师普利戈金

场分析》和《复杂性,风险与金融市场》三本大作。这套金融混沌三部曲,探讨了混沌理论在金融领域中的应用,呈现了金融世界的非线性动力学本质,为重新认识资本市场开辟了全新的思路。

李四又说,他觉得王二和林童的说法也很有道理,从金融股票市场的大量数据看起来,它们的确比混沌还要混沌。我们所说的混沌理论中的混沌实际上是有一定规律的,在紊乱现象的背后,却隐藏着一个确定的逻辑,一个可知的非线性关系。而混沌经济学家们,就是想要从更为混乱的经济数据中,找出这种"决定性的混沌"来,这样的话,也就找出了这种可知的非线性关系。那时候,不就有一定的可能性,在一定程度上来预测和调节股票市场了吗?

金融和经济学中的混沌是来源于系统本身内在的随机性,因此,外在干预的效果表现得十分有限。研究者还发现,宏观经济的混沌运动,与洛伦茨系统及逻辑斯蒂系统的混沌有所不同,混沌中叠加了一个(或多个)类似于周期的波动,波动周期平均为 4～5 年,这使得金融经济系统的时间序列具有很强的自相关性,频谱则不再是对所有频率都一视同仁的水平线,而是包含了更多的与此周期相对应的频率。换句话说,洛伦茨系统及逻辑斯蒂系统的混沌可看作是具有均匀频谱的白混沌,而金融和经济学中的混沌却表现为一种色混沌[40]。

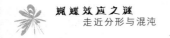

证实了经济混沌（色混沌）的存在，不一定就能大大改进经济预测的能力，但是却可以大大改善市场的调控。对股市的研究发现，无论股价是大幅还是小幅涨落，整个股市和宏观经济的指数变动频率相当稳定，美国百余年来的经济周期长度在 2～10 年。大萧条和 2008 年的金融危机都有一个共同点，危机前都有长达 10 年左右的扩张期。这启发我们想到奥地利经济学家熊彼特的经济周期理论。熊彼特认为经济周期不是什么随机过程，而是生物钟那样的新陈代谢。健康的经济，必须维持正常的波动周期，要是再遇上互联网泡沫或房地产泡沫，政府就要下决心捅破泡沫，进行结构调整。不能等到疯狂的股市突然崩溃再去救市，那样社会代价太大。换言之，主张布朗运动的经济学家，都是自由市场的信徒，无论是正态分布，还是非正态分布，投资者和监管者都只能放任自流，而根据经济的色混沌理论，则有可能对市场进行适当的调控。

5.4　混沌在 CDMA 通信中的应用

"混沌理论除了能够说明和解释形形色色的复杂现象之外，在工程技术应用中也崭露头角。例如在现代通信领域中，混沌通信正在逐渐成为一个新的分支，主要的应用包括：混沌扩频、混沌同步、混沌密码、混沌键控、混沌参数调制等。这里我们以混沌在 CDMA 扩频通信技术中的应用为例。"

今天聚会时的演讲者是张三，他站在黑板前面刚刚开了个头，下面就一片叽喳声。李四代表大家说话了："张三，你一上来就一大堆专业名词，大家不熟悉啊，你先给我们介绍一下 CDMA 扩频通信是什么意思吧……"

张三笑了："其实我马上就会解释的。那么，就让我们从通信过程讲起吧……"

通信的目的是要传递信息，传递信息需要媒介。古时候的通信用鼓声、烽火、鸿雁、信鸽等作为媒介；后来，用火车、飞机运载邮件，火车、飞机为媒介;再后来的电话,使用电信号为媒介。你们现在用的手机,使用的媒介是什么呢?大家都知道,那是无线电波,是某个频率的无线电波。无线电波就像是一列火车,需要传递的信息,就搭载在火车上,当满载信息的火车到达目的地后,再将信息下载并还原。

不同频率的无线电波便像是不同的火车。但是,无线电波用于通信的方面太多了,除了我们的手机之类的移动通信之外,还有广播、电视及各种军事用途等等。因而,频率火车的列车数有限,分配给移动通信的列车频率数目远远不够用。可手机的用户又越来越多,手机太方便太重要了,连中学生都希望能人手一个。怎么办呢,工程师们绞尽脑汁,将原来的频率火车,进行一些复杂的技术上的改装,变成了很多很多个不同的专用列车。这就是现代通信中使用的多址方式。

如何改造出更多不同的火车来呢?我们首先研究研究有哪几种改造的方法,也可以说成是:给了无线电波一定的频率范围宽度(比如1兆),有哪几种方案,将它们分配给不同的(比如100个)用户地址呢?第一种方案就是原来常用的方案:100个用户平分这1兆,每个用户分得百分之一兆的带宽。显而易见,如果用户增多,每人所分的带宽就会变小,这种方案就不灵光了。因为我们大家都听说过,带宽不够会影响通话质量,或者根本不能通话。

别急,工程师们还有另外两个办法,还可以按照时间来分配,或者是按照编码来分配。我们用图5.4.1来解释这三种不同的多址方式。

一定的频率范围、一定的时间段、使用不同的编码方式,这就像是给定了一个三维的纸盒子,如图5.4.1所示。选择多址方式,就是选择如何在这个盒子里分配用户。在图中,用各种不同的颜色表示不同的用户:

(a)以频率而分:频分多址(FDMA);

(b)以时间而分:时分多址(TDMA);

(c) 以编码而分：码分多址（CDMA）。

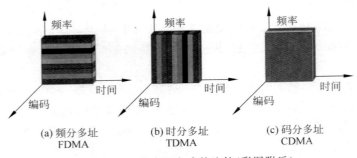

(a) 频分多址　　　　(b) 时分多址　　　　(c) 码分多址
FDMA　　　　　　　TDMA　　　　　　　CDMA

图 5.4.1　三种多址方式的比较（彩图附后）

频分多址方式（a）把可以使用的总频段划分为若干个互不重叠的频道，分配给用户；时分多址则将时间划分成许多时间小间隙作为信号通道（b）。也就是说，在频分多址系统中，每个用户虽占有全部的时间，却只有很窄的频带宽度，而在时分多址系统中，用户可能拥有整个频宽，却只有很短的时间。码分多址方式（c）不以分割时间或频率来区分用户，每个用户都占有整个频宽和全部时间，但却有不同的编码序列，不同用户以编码而分。

由于码分多址系统中的每个用户都有足够宽的频率范围和时间范围，因而具有许多优越性：频谱利用率高，容量大，抗干扰能力强、保密性好等等。所以，CDMA（码分多址）当初成为 3G 通信的首选。为了具体实现 CDMA，我们需要在给信息编码的同时，扩大信息的频带，这就是"扩频通信"。

王二悟性好，打断张三插话道："对啦，我们已经知道，一个混沌信号是由周期分岔又分岔，频率成倍再成倍而得到的，所以，混沌信号具有很多频率，也就是说，有很宽的频谱。而在 CDMA 通信中，又需要扩频技术，这样看起来，混沌理论真的要在 CDMA 通信中派上用场了。"

不过，张三笑了笑说："不要急，我先给你们插上一段有关扩频通信的有趣历史。"

"尽管以扩频技术为基础的 3G 通信近年来才迅速发展,扩频技术却已经有了好几十年的历史。有趣的是,它最早的发明专利属于20 世纪 40 年代当红的一个电影女明星……"

听众中的几个女同学,原来已经有些睡意蒙眬,听到这句话,突然精神抖擞,兴奋起来:

"哦!电影女明星?还有专利啊!"

对呀,张三说,她就是人称"扩频通信之母",1913 年出生于维也纳一个犹太银行家家庭的女演员赫蒂·拉玛尔(Hedy Lamarr)。

首先,赫蒂·拉玛尔是个货真价实的好莱坞明星,她演绎了电影史上第一部"露两点"的影片 Ecstasy,她经历了六次婚姻,在好莱坞以风流貌美而名噪一时,连费雯丽也曾经以长得像她而倍感骄傲。

图 5.4.2　扩频通信之母——美女明星赫蒂·拉玛尔

(照片来自 Wikipedia)

20 世纪的 30 年代,一场以失败而告终的婚姻改变了赫蒂·拉玛尔的命运! 为了逃离失败的婚姻,摆脱她的众多纳粹"朋友"圈子中政治军事斗争的漩涡,赫蒂逃到了伦敦,并开始积极地学习和研究通信技术,以帮助盟国战胜纳粹敌人。在好莱坞时,赫蒂结识了一位音乐家乔治·安塞尔,乔治也到了伦敦,并一心想要对德作战有所贡献。因此,他们两人一起积极地进行一项能够抵挡敌军电波干扰或防窃听的秘密军事通信系统的研究,并最终制成了一个以自动钢琴为灵感的扩频通信模型,并且在 1942 年 8 月得到美国的专利。

这扩频通信技术与自动钢琴又有什么关系呢？我们以图 5.4.3 为例说明：图 5.4.3(a) 的自动钢琴中，每个琴键代表一个频率，或者说是一段窄窄的频带。当钢琴自动演奏一段曲子时，音符按照曲调在各个键之间跳跃，比如"C-F-G-G-A-F-D"，这时，虽然每次只弹一个键，但在演奏的这一段时间中，合成声波的频率从 A 到 F 跳跃变化。也就是说，频率范围不再只是一个音，而是扩大到了 A 和 F 之间。将这个道理用到通信中，如图 5.4.3(b) 所示，让载波的频率 F 不固定，而是按照一定的规律跳跃，合成的结果也是使频率范围扩大了，达到扩频的效果。这就是赫蒂和乔治当时专利中的跳频扩频技术。这载波频率 F 跳动的规律对应于自动钢琴所弹奏的一段乐谱，也就是通信中所用的一种编码。

跳频扩频是一种时间平均的扩频过程。通信技术中，扩频方法除了跳频扩频之外，还有图 5.4.3(b) 所示的直接序列扩频法，是将编码与信息相乘后再进行调制。

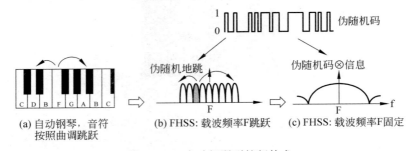

图 5.4.3 自动钢琴到扩频技术

当时，赫蒂·拉玛尔和乔治·安塞尔将他们这项专利送给了美国政府，希望能够对当时正如火如荼进行中的"二战"有所帮助。遗憾的是，也许是发明家的思想太超前于技术条件的发展吧，美国军方当时并未采用这一技术。乔治·安塞尔于 1959 年去世时，也尚未看到他们的发明得以应用。

直到 1962 年，也就是赫蒂·拉玛尔和乔治·安塞尔的专利过期之后的第三年,该技术才第一次被美国军方秘密使用于解决古巴导弹危机的行动中。后来,扩频通信被深入研究,并多次用于军用通信领域。尤其是到了 20 世纪 90 年代,在无线电移动通信的商业界中,扩频通信技术飞速发展,大展宏图,还造就了许多百万富翁。尽管如此,这项专利的原始拥有者却未曾因此而赚取过分文。

不过,值得一提的是,1997 年,以保护技术的权利与自由为目的的团体-电子前沿基金会(Electronic Frontier Foundation)颁发给 85 岁高龄的赫蒂·拉玛尔一个奖项,以表彰她和乔治·安塞尔对此电子技术的贡献。2000 年,赫蒂·拉玛尔在佛罗里达州平静而安详地去世,无论如何,迟到了 55 年的社会认可终能使我们的美女明星发明家含笑九泉,比起她的合作人乔治·安塞尔来说,要少几分遗憾了。

张三有关美女明星专利的故事讲完了,又回到技术层面。他指着图 5.4.3 右边的两个图,说:"你们看,扩频技术有两种,跳频扩频和直接扩频。对这两种方法,我们都需要使用图中叫做伪随机码的某种编码,才能达到扩展频率的目的。"

自动钢琴的琴键按照给定的曲谱跳跃,扩频技术的频率键则按照给定的编码来跳跃。这儿的编码,就是图 5.4.3 中的伪随机码。伪随机码的特性对扩频通信起着重要的作用,犹如曲谱对演奏的重要性。好作品的曲谱产生出动听感人的音乐与伪随机码性质紧密相关的,则是通信系统的保密程度。

"哇!从自动钢琴到扩频通信,这又是一个'他山之石而攻玉'的好例证。"林零感慨地说。

人的耳朵,是音乐的接收器;我们用手机接电话时,手机则是扩频通信过程中的接收器。钢琴奏出的乐曲不在乎被别人听到,通信过程中的保密性却是通信的重要环节。在一对一的移动通信中,一种伪随机码,只有一个手机是它的意中人,唯有此人才能识别这种密码造成的火车,因而才能下载火车所运载的信息。

所谓伪随机码,正如图 5.4.3 上方所画的,不过是些由 1 和 0 组成

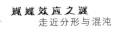

的电信号序列。那么,我们对这个序列的性质,有些什么样的要求呢?

首先,它们表面看起来要像是随机的,就是说,在每个时刻,随机地选取 0 或 1。这样,在传播途中,对除了通信双方之外的第三者来说,接受到的信号与噪声没有区别。如此才能确保安全性。

但是,伪随机码又只能是伪随机的。只能貌似随机,而实际上却是用确定的、已知的方法产生出来。因为如果完全随机,完全无序的话,就没有办法解码了。并且,每个用户还得用不同的编码方法,这样才能区分不同的用户,接受方才有可能产生与送话方完全相同的伪随机码,以达到解码的目的。

此外,伪随机扩频码还要很容易地用一个数字线路实现出来。技术上太复杂了不就没有了经济效益吗?

CDMA 技术中常用的伪随机码有最大长度序列(M-序列)扩频码、L 序列扩频码、Gold 序列扩频码等。例如,应用最广的 M-序列扩频码便可采用类似图 5.4.4 所示的线性反馈移位寄存器(LFSR)产生出来。

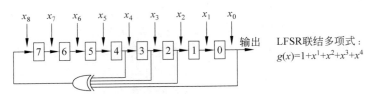

图 5.4.4 线性反馈移位寄存器

可以证明,由类似于上述 LFSR 器件产生的二进制序列,具有不错的随机特性。然而,它是线性数字电路的产物,因而事实上仍是一个周期序列。周期性和我们所要求的随机性相矛盾。因此,在实际应用中,将 M 数值取得较大以增长周期,从而增强保密性。然而,只要是周期的,偷窃者就有可能通过截获一段时间的信号而破解密码。除了周期性之外,这种经典伪随机码还有一大缺点,就是它的数目有限,随着移动通信用户的大量涌入,可用的编码数目便显得越来越不够。

　　混沌现象的神奇特征当然逃不过通信专家们的眼睛,他们自然而然地将视线投向非线性电路产生的混沌编码。混沌电路产生的序列没有周期性,因而提高了保密程度。混沌序列的另外一个大优点,又是来源于关键的"蝴蝶效应",即对初始值的高度敏感性。为什么对气象预报来说很讨厌的蝴蝶效应,在这儿却变成了一个大优点呢?那是因为我们可以利用这个敏感性。原因是,只要使用稍微不同的初值,其结果就大相径庭,也就能产生出完全不同的混沌码。这正好可以解决刚才所说的线性伪随机码数目不够用的问题。

　　混沌码的第三个优点,是其数学模型十分简单,信号易于产生,可以由简单的非线性迭代函数得到。

　　我们再次以逻辑斯蒂迭代为例,说明混沌码的优越性。例如,考虑公式(2.7.2)中的系数 $k=4$ 的情况,也就是我们在逻辑斯蒂分岔图 2.7.2 中看到的最右边那个点。这时候的系统将永不重复地遍历从 0 到 1 的所有状态,呈现完全的混沌。虽然 k 的数值已经固定为 4,但初始值 x_0 仍然可以有所不同。如果取不同的 x_0,便可以得到不同的混沌码。而 x_0 可以取 0 和 1 之间的任何实数,那也就是说,我们可以构成无穷多个不同的混沌码(图 5.4.5)。

$$x_{n+1}=4x_n(1-x_n) \qquad (x_0 \in (0,1))$$

n	$x_n(x_0=0.2)$		$x_n(x_0=0.200001)$	
1	0.2	0	0.200001	0
2	0.64	1	0.640002	1
3	0.9216	1	0.951597	1
4	0.289014	0	0.289023	0
5	0.585421	1	0.585381	1
10	0.147837	0	0.148746	0
15	0.00393603	5	0.0107232	0
20	0.820014	1	0.313694	0
30	0.320342	0	0.130139	0
40	0.0978744	0	0.546844	1
50	0.611733	1	0.628073	1

图 5.4.5　差别极微小的两个初始值产生的两个混沌序列

蝴蝶效应之谜
走近分形与混沌

图 5.4.5 的表中给出了由两个不同的初值（相差 0.000001）产生的两个混沌码。从这些数值可看出：随着迭代次数的增加，两个序列逐渐分开，当迭代次数大于 15 之后，序列值的变化便完全无关了。

因此，这儿的"蝴蝶效应"，成了混沌码用于扩频通信的最大优点，因为它可以产生非常多数目的混沌码，以满足不断增加的客户数目的需要。

6 第六篇

一生二，二生三，三生万物

在《道德经》中，老子是这样阐释万事万物生、发、孕、化的规律之道的："天下万物生于有，有生于无。道生一，一生二，二生三，三生万物。万物负阴而抱阳，冲气以为和。"

6.1　三生混沌

今天，分形混沌俱乐部的活动，是由李四给大家讲"周期3即混沌"的故事。

有个新同学首先发问："对不起，能不能首先解释一下，周期3是什么意思啊？"

"还记得我们以前画的逻辑斯蒂系统的分岔图（图2.7.2）吗？"李四说："逻辑斯蒂系统是描述生态繁衍的，如果最后的群体数趋向一个固定值，叫做周期1；如果最后群体数在两个固定值之间跳来跳去，就叫周期2；最后群体数在3个值之间跳，就叫周期3了。"

那新生挺聪明的，眼珠一转就想明白了："啊，几个周期就是几个人传球。周期1时只有1个人，丢来丢去还是丢在1个人手上；周期2就是2个人传来传去；周期3就3个人，周期4就4个人了……"

在对混沌理论作出关键贡献的学者中，有一位华人科学家李天岩。正是他和他当年的博士论文指导教授约克（James A. Yorke）一起创造了混沌（chaos）这个名字。

约克是一位颇有个性的美国数学家，他关心政治，兴趣广泛，才华横溢，不修边幅。他研究的是应用数学，喜欢在跨学科的边沿地带转悠。约克所在的美国马里兰大学应用数学所，有一位作气象研究的 A. Feller 教授。1972年，约克从 Feller 教授那儿得到了洛伦茨有关气象预测、蝴蝶效应等相关的几篇论文，十分感兴趣。并且，约克在研究洛伦茨那三个微分方程时，以一个数学家敏锐的直觉，猜测如果一个连续函数有一个周期为 3 的点，这个函数的长期行为就将会十分奇特，类同于洛伦茨所发现的奇异吸引子那样。约克把这个想法告诉李天岩，鼓动这个得意门生证明他的这个猜想。

李天岩果然不负老师所望，大约两星期后，就完成了这个后来被称之为 Li-Yorke 定理的全部证明。而且，证明简单易懂，只用到初等微积分里的中值定理。于是，两人将结果投稿到一个较通俗的刊物《数学月刊》。

不料《数学月刊》的编辑认为论文内容太过于研究性质而将文稿退了回来，建议他们转投其他刊物，或进行修改，让学生们能读懂。当时的李天岩专注于自己的博士论文课题，且疾病缠身，无暇顾及去改好这篇文章。

谈到李天岩的疾病缠身，让人不得不对李天岩这位传奇的华人数学家多写上几笔。

李天岩，生于福建沙县，3 岁时随父母到台湾，大学毕业后到美国攻读博士学位，师从约克教授，后来一直在美国密执安州立大学（Michigan State University）数学系任教。李天岩定居美国后数十年，长时期与可恶的病魔作斗争。历经洗肾、换肾、心血管开刀等大手术十余次。意志力惊人的李天岩长年累月在病床上坚持研究工作，在应用数学与计算数学中作出了不少第一流开创性的贡献[42]。

话说李天岩和约克的那篇文章，从《数学月刊》退回之后，便一直被搁置在桌上受冷落。直到一年之后，混沌理论的开山鼻祖之一——著名的生态学家罗伯特·梅，从普林斯顿大学来到马里兰大学，讲他的逻辑斯蒂方程。

听到罗伯特·梅介绍逻辑斯蒂系统的倍周期分岔现象，群体繁殖的周期数目逐渐增多又增多，最后导致奇异行为出现一事，约克恍然大悟，立即联想到自己有关"周期 3"的猜想。当演讲完毕，约克将

罗伯特·梅送到飞机场时,赶快给他看了李天岩那篇尚未发出的文章。罗伯特·梅立即表示,文中的思想和证明也许能够对这种因周期分岔、从有序走向无序的现象作出最好的数学诠释。

一语惊醒梦中人,约克从飞机场回到学校,便立即马不停蹄地找到李天岩。3个月之后,那篇著名的、名为《周期3意味着乱七八糟》的文章才终于见诸于世,发表在1975年12月的《数学月刊》上。

有趣的是,李天岩和约克在他们文章的标题中,给那种奇异行为起了一个恶作剧式的名字:乱七八糟(chaos)。没想到这个名字还颇得人心,随着它所表述的理论一起不胫而走,从此名扬天下!

此故事还有一段后续插曲。

作为《周期3意味着混沌》一文的作者,"混沌"一词的命名人,约克被邀请到处演讲。一次在东柏林的演讲后,约克去玩游艇,碰到一位名叫沙可夫斯基(Oleksandr M. Sharkovsky,1936—)的乌克兰数学教授,并且无比吃惊地得知,这位教授比他早十来年就证明了与他们的"李-约克定理"类似的定理。这是怎么回事呢?

苏联学者在理论物理和数学上的成果的确不容小觑,难怪有苏联科学家挖苦西方人之语:"你们美国人搞的东西,我们10年前就有了!"

约克后来收到了沙可夫斯基寄来的论文,发表在《乌克兰数学杂志》1964年第16期上,那是一个美国数学家从不问津的一份刊物。比起李-约克文章发表的1975年,已经整整11年过去了。

李天岩和约克的论文《周期3意味着混沌》的第一部分,证明的是,如果一个系统出现了"周期3",那么就会出现任何正整数的周期,系统便一定会走向混沌。或者说,系统有3周期点,就有一切周期点![43]。

而沙可夫斯基定理陈述了更为一般的情况,他将自然数按如下方式排列起来:

3,5,7,9,11,13,15,17,19,21,…,1以外的所有奇数

2·3,2·5,2·7,2·9,2·11,2·13,…,2乘上面一行

$2 \cdot 2 \cdot 3, 2 \cdot 2 \cdot 5, 2 \cdot 2 \cdot 7, 2 \cdot 2 \cdot 9, 2 \cdot 2 \cdot 11, \cdots, 2$ 乘上面一行

……

然后，沙可夫斯基证明了：假设某个正整数 n 排在另一个正整数 m 的后面，那么，如果函数有周期 m 的点，则一定有周期 n 的点。

因为 3 是这个序列中排在最前面的数，显而易见，沙可夫斯基定理中的 $m=3$ 的特例便是李-约克定理的第一部分。

这个结果看起来似乎让美国学者无地自容，不过，李-约克定理的第二部分仍然能使美国人觉得挽回颜面，扬眉吐气，因为这一部分是沙可夫斯基定理中没有的，它深刻地揭示了结果关于初始值的敏感依赖性，以及由此而导致的不可预测性，那正是混沌的本质。

俄国科学家们固然功底深厚，硕果累累，但西方学界不拘一格的活跃气氛，跨学科间的亲密接触，理论和应用之间的配搭融合，也都是值得东方学者们深思和借鉴的。

演讲结束了，留下几个人在小教室里瞎扯，扯的是数字"3"。

周期 3？ 为什么是"3"呢？"3"可能是个特别的数字哦，这个周期 3 激起东方哲学思维学者们的浮想翩翩。你们看，中国人的俗话中与三有关的句子太多了：

"三人行必有吾师"

"三个臭皮匠，赛过诸葛亮"

"三个女人一台戏"

"事不过三"

……

周期 3 即混沌，这不正好应验了老子说的"一生二，二生三，三生万物"吗？你们看，老子并不是线性地递推过去："一生二，二生三，三生四，四生五……"，而是数到三，事情就转了弯。这个"三"，似乎是线性到非线性的转折点。

更为奇妙的是庄子在他的寓言中的话："南海之帝为倏，北海之帝为忽，中央之帝为混沌。"这儿说了三个帝，其中居然还有混沌一

词。几千年以前的中国哲人，就将三和混沌联系起来了！

6.2 自组织现象

混沌现象是非线性系统的特征，有限维的线性系统不会生出混沌魔鬼，但无限维的线性系统有可能产生混沌。此外，以微分方程描述的连续系统和与其对应的离散系统的混沌表现也有所不同。庞加莱曾经证明，只有维数大于三维的连续系统，才会出现混沌。而离散系统则没有维数的限制，我们讨论过的逻辑斯蒂映射便是一个一维系统出现混沌的典型例子。

自然界中更多的是非线性系统，自然现象就其本质来说，是复杂而非线性的。因此，混沌现象是大自然中常见的普遍现象。当然，许多自然现象可以在一定程度上近似为线性，这就是迄今为止传统物理学和其他自然科学的线性模型能取得巨大成功的原因。

随着人类对自然界中各种复杂现象的深入研究，各个领域越来越多的科学家认识到线性模型的局限，非线性研究已成为 21 世纪科学的前沿。

非线性科学不仅研究从有序到混沌的转换，也对从无序中如何产生有序感兴趣，因为这个问题涉及生命的产生和进化。这方面与物理和数学有关的主要研究方向有 3 个：自组织理论（self-organization）、孤立子（soliton）和细胞自动机（cellular automata）。

我们在提及混沌现象时经常说到系统的长期行为。人们很容易理解这儿的长期，指的是时间无限流淌下去的意思。时间是什么？这个在日常生活中好像不言自明的概念，在物理及哲学中，却争论探索几百年，直到现在也仍然回答不出个所以然来。不过，时间具有方向性，一去不复返，机不可失，时不再来，这点没人能否定。然而，很奇怪，在经典物理学的大多数理论中，聪明的科学家们却忽视了这个时间的方向性，只有热力学除外。

热力学中有个第二定律，说的就是有关热力学过程进行的方向问题。1864 年，法国物理学家克劳修斯在《热之唯动说》一书中，为了对过程发展的这个时间方向进行定量的描述，首次提出了一个新的物理量，人们给它取了个奇怪的的名字 ——熵。

"这个熵，是个什么东东啊？我以前学物理时，一看见这个字，就有望而生畏的感觉，立刻想对它敬而远之……"王二皱着眉头抱怨。

李四笑了："其实也没什么很高深的，通俗地说，我们用熵的大小，来测量由大量粒子(原子、分子)构成的系统的紊乱程度。"

熵是一个系统混乱程度、或称无组织程度的度量。克劳修斯之后的统计物理学家玻尔兹曼又把熵和信息联系起来，提出"熵是一个系统失去了的'信息'的度量"，这个说法有道理，次序不就是某种信息吗，有序变无序，失去了次序，也就失去了一部分信息。后来的申农采用并发展了玻尔兹曼这个想法，把熵的概念以及物理学中的统计方法移植到通信领域，建立了信息学的理论基础，他被誉为信息学之父，此是后话。

总之，系统越混乱，熵就越大；系统越有序，熵就越小。热力学第二定律，也被称为熵增加原理，说的就是一个孤立封闭系统的熵总是增加(永不减少)的，即系统总是由有序过渡到无序，这种过程不可逆地进行着。我们观察到的大量物理现象，都是混乱度增加的不可逆过程，比如：结晶的冰块放到热水中，逐渐融化，有序的结晶变成无序，使得熵增加；一滴红墨水滴到一杯清水中，墨水颗粒自动扩散到水中，水变成更为无序的淡红色溶液；热量总是从温度高的传向温度低的。自然界中也是这样：火焰燃烧，留下灰烬；山石风化，变成泥土；江河直下，奔流入海；事物从有序过渡到无序，过渡到到低级，到混沌，相反的过程似乎不会自动发生……

王二仍然皱着眉头："你举出的那些物理现象的确是不可逆的，冰块融化了，不可能自动地再从热水中结晶出来，生米煮成了熟饭，不能再变成米，这就像已经死去了的生物体不可能突然再活过来一样。时间的确是有方向的，时光不会倒流，这点我同意。但是，我不同意你说的，事物总是从有序到无序、高级到低级的说法！因为，从生物进化的过程来看,都是一步一步、一代一代,从简单到复杂的。许多亿年过去了,这个世界,从无序中产生有序,产生了生命,又从低级生命进化到高级生命,从微生物进化到高等动物,以致进化到人类啊! 那么,在这个漫长的低级向高级的进化过程中,你所谓的熵,是增加了还是减少了呢?"

李四说:"你别着急,刚才我说的熵增加原理是只能适应于封闭系统的。而整个宇宙,这个大千世界中的万事万物,并不总是能简单地看成封闭系统啊⋯⋯"

热力学第二定律所表明的演化方向的确与达尔文生物进化论所言的演化方向相反,生物学与理论物理之间存在着巨大的鸿沟。当然,热力学第二定律只能被用于封闭系统,而不应该被无限扩展应用到诸如生物体这样的开放系统。但是,从封闭系统的熵增加,如何变成了开放系统的熵减少? 怎样才能将这两种理论所产生的演化悖论协调、统一起来呢? 山石风化、墨水扩散的确是我们常见的现象;种子发芽、婴儿诞生也是我们熟知的生活常识。如何建立一个纽带,才能将物理学的演化理论与生物学的进化规律连接起来? 这些问题,近百年来一直困惑着科学家们。

正是基于这个演化悖论的困难,比利时物理化学家普里戈金(图 6.2.1)登上了历史舞台。他研究非平衡态的热力学,并创建耗散结构理论,研究自组织现象,企图填补理论物理与现代生物学之间的鸿沟。这些成就使他荣获1977 年的诺贝尔化学奖。

图 6.2.1　普里戈金在得克萨斯
大学奥斯汀分校

什么是自组织现象呢? 它和我们所讨论的系统从有序到混沌的过程不同,和热力学第二定律描述的熵增加的演化方向相反。也就是说,在一定条件下,一个开放系统可以由无序变为有序,开放系统能够从外界获得负熵，而使得熵值减少。这时，系统中的大量分子、原子，会自动地按一定的规律运动，有序地组织起来。我们将这种现象，叫做自组织现象。

普里戈金认为，形成自组织现象的条件包括：①系统必须开放，是耗散结构系统；②远离平衡态，才有可能进入非线性区；③系统中各部分之间存在非线性相互作用；④系统的某些参量存在涨落，涨落变化到一定的阈值时，稳态成为不稳定，系统发生突变，便可能呈现出某种高度有序的状态。

由于在自组织现象中，系统呈现高度的组织性，这就为从物理理论的角度解释生命的形成提供了可能。不仅如此，在物理、化学的领域中，也经常观察到自组织现象。

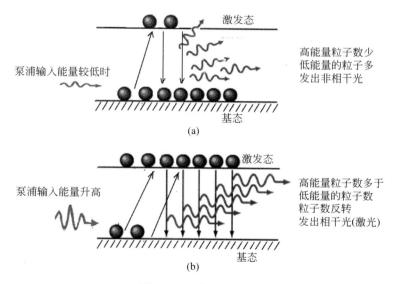

图 6.2.2　激光的形成

激光就是一种时间有序的自组织现象。比如，如图 6.2.2 所示的氦氖激光产生机制图中，激光器是一个开放系统，外界通过泵浦向激光器输入能量，图 6.2.2(a)是当输入功率较低时的情况，这时候，

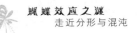

各个氖原子所发出的光波的频率、相位和振动方向都各不相同,因而发出的是无规则的微弱的自然光。当输入功率增大到一定的值,如图 6.2.2(b)所示,这时系统发生突变,大量原子出现自组织现象,以同样的频率、相位和方向发射出高度相干的光束,这就形成了激光。

6.3 孤立子的故事

孤立子是非线性研究的另一个热点。

第一次发现水波中产生的孤立子现象距今已经有将近 180 年了。那是 1834 年 8 月的一天,在苏格兰爱丁堡市附近的尤宁运河岸边,26 岁的造船工程师约翰·司科特·罗素骑马观察船在河中的运动情形时发现的。

之后,罗素这样描述他那天的惊人发现[44]:

"我正在观察一条船的运动,这条船沿着狭窄的河道由两匹马快速地曳进。当船突然停下时,河道中被推动的水团并未停止,它聚积在船首周围,剧烈翻腾。突然,水团中呈现出一个滚圆光滑、轮廓分明、巨大的、孤立耸起的水峰,以很快的速度离开船首,滚滚向前。这个水峰沿着河道继续向前行进,形态不变,速度不减。我策马追踪,赶上了它。它仍以每小时八九英里的速度向前滚动,同时仍保持着长约三十英尺、高约一到一点五英尺的原始形状。后来,我追逐了一两英里后,才发现它的高度渐渐下降。最后,在河道的拐弯处,我被它甩掉了。"

这一奇特的、美丽的、孤立的水峰令年轻的罗素着迷,而且,他敏感地意识到,自己发现了一个新的物理现象。罗素的直觉不无道理,他是一个经常在河边进行观察和研究的造船专家,成天与水流水波打交道,因此,他坚信这个现象与一般常见的水波截然不同,一般水波是很快就要弥散、消失的,维持不了这么久。此外,罗素也是一个训练有素的船舶设计师,有深厚的物理数学功底,他相信,那时现有的波动理论,包括牛顿的理论和伯努利的流体力学方程,都没有描述过，也无法解释他看见的这种奇特现象，因此，罗素给自己的发现取了个新名字：平移波。后来被学界命名为孤立子或孤子（图6.3.1）。

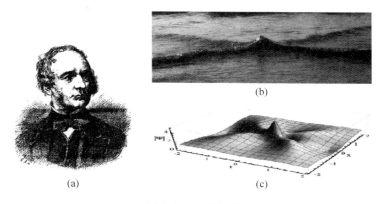

图 6.3.1　孤立子

（a）罗素在1834年第一次观察到孤立子（平移波）；（b）水波中的孤立子现象
Phys. Rev. E 86,036305（2012）；（c）计算机模拟所产生的KdV方程孤立子解[45]

　　偶然发现的平移波在罗素的脑海中久久挥之不去，为了深入研究这个现象，罗素在自家后院里建造了一座宏大的实验水槽，并且他很快就掌握了产生平移波的方法，重现了他在运河中看到的特殊景象。经过多次实验、反复研究，罗素注意到孤立子的许多特殊性质：一是孤立子的速度与波的高度有关，二是孤立子能够保持其速度和形状长时间地传播。比如，罗素经常在他的实验水槽里产生两个孤立子，一个瘦高个，一个矮胖子。有趣的是，瘦高个总是比矮胖子跑得更快，每次都能追上矮胖子。更神奇的是：两波相遇后，并不会混合乱套而失去它们各自原来的形状和速度，相遇再分开之后，高而瘦的波越过矮胖子，继续快跑，将矮胖子远远地甩在后面。

　　罗素认为，既然孤立子能够保持其速度和形状长时间地传播，它们应该是流体力学的一种稳定解，罗素对此提出了很多大胆的猜想和预言，但他一人单枪匹马，精力毕竟有限，便希望得到科学界的关注和共同研究。1844年9月，也就是在第一次观察到水波孤立子现

象的 10 年之后,罗素在英国科学促进会第 14 次会议上以《论波动》为题,对他的发现和研究作了一次精彩的报告。报告内容虽然令人们觉得神奇精彩,但却未能得到罗素期盼的结果。因为正如大多数革命新思想出现时遭遇的命运一样,罗素的想法未得到当时科学界权威的认可,反被某些评论者说成是因走火入魔而产生的"反常和漫无边际的猜测"。

在罗素去世 10 年后,1892 年,两位荷兰数学家从浅水波运动的 KdV 方程,果然得到了与罗素所描述现象类似的孤立子解(图 6.3.1(c))。KdV 方程证实了罗素观察到的两个孤立波碰撞时发生的情况。两个孤立波相交后,并不互相混合和弥散,而是各自保持它们原来的速度、方向和形状,完整复现出来。这种行为类似于微观粒子发生碰撞时的情形,这也是将此现象称为孤立子的原因。

从物理学的观点来看,孤立子是物质色散效应和非线性畸变合成的一种特殊产物。

水波和光波等波动现象形成的波峰都可以描述为由许多不同频率的正弦波组成。这些不同频率的波以不同的速度传播,这就是色散现象。在波动的线性理论里,各正弦波彼此无关,没有什么东西把这些不同频率的波捏合在一起,所以它们各自为政,即使一开始时形成了一个巨大的波峰,这个波峰中的各个频率波也会因色散现象导致速度不同而使波峰很快地改变形状,破碎成许多小小的涟漪,形成混沌而弥散开来。这是只有色散的情况,如图 6.3.2(a)所示。

从另一方面,流体分子间存在的非线性效应使得波峰的形状发生另一种类型的畸变,这种非线性畸变作用如图 6.3.2(b)所示。

在 KdV 方程中,因为既考虑了色散现象,又包括了非线性效应的影响,所以,在一定的条件下,这两种作用互相抵消。色散效应要使得不同频率的子波互相分离,而非线性效应又将这些子波拉回来紧紧地拴在一起,这样一来,最后结果就使得原始的波峰既不弥散,也不畸变,而能够长时间地保持原状滚滚向前,这就形成了罗素看到的孤立波,也就是图 6.3.2(c)所示的情形。

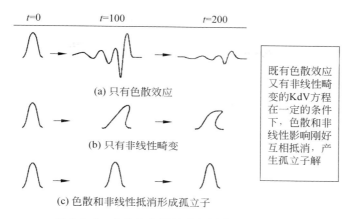

既有色散效应又有非线性畸变的KdV方程在一定的条件下，色散和非线性影响刚好互相抵消，产生孤立子解

图 6.3.2　色散和非线性畸变抵消，形成孤立子

　　尽管数学家已经证明了 KdV 方程的确存在类似孤立子的解，人们对罗素发现的孤立子的重要性仍然认识不足。孤立子的命运一直到 20 世纪 60 年代才有了转机。50 年代，美国的三位物理学家费米、帕斯塔和乌拉姆，利用当时美国用来设计氢弹的大型计算机，对由 64 个谐振子组成的非线性系统进行数值模拟，企图证实统计物理学中的"能量均分定理"。但他们的模拟结果却事与愿违，违背了能量均分定理。初始时刻这些谐振子的所有能量都集中在某一振子上，其他 63 个振子的初始能量为零。按照能量均分定理，系统最后应该过渡到能量均分于所有振动模式上的平衡态。但实验结果却发现，经过长时间的计算模拟演化后，能量出现了复归现象，大部分能量重新集中到初始具有能量的那个振子上。

　　费米等人当时只是考虑实验振子在频率域的情况，并且因为结果出乎意料地违背了物理界原来公认的"能量均分定理"，所以，他们并未将此现象与罗素发现的平移波联系起来，因而也与孤立子的发现失之交臂。但后来有人继续费米等人这项研究时，得到了孤立波解，并从而进一步激起了人们对孤立波研究的兴趣。其后，物理界对孤立子现象的本质有了更清楚的认识，除了水波中的孤立子之外，并

先后发现了声孤立子、电孤立子和光孤立子等现象。小小的孤立子不再孤独,被人们誉为"数学物理之花"。

由于孤立子具有的特殊性质,使它在物理的许多领域,如等离子物理学、高能电磁学、流体力学和非线性光学等领域中得到广泛的应用。此外,孤立子在光纤通信、蛋白质和 DNA 作用机制,以及弦论中也有重要应用。

特别是在由光纤传输的通信技术中,光孤立子理论大展宏图,因为光孤立子在光纤中传播时,能够长时间地保持形态、幅度和速度不变,这个特性便于实现超长距离、超大容量的、稳定可靠的光通信。

1982 年,在罗素逝世一百周年之际,人们在他策马追孤立波的运河边树起了一座纪念碑,以纪念这位孤军奋战、但有生之年未能成功的科学先驱。

6.4 生命游戏

前面我们介绍了自组织现象和孤立子现象。此类现象出现的原因,都与外力无关,而只与系统自身内部各单元之间的相互作用,特别是非线性作用有关。由于这种内部作用,通过自身演化,使得系统群体表现出某种自动结合在一起、形成有序结构的集体行为。

除了物理学之外,科学界的各个领域,以及社会、人文、经济、网络、市场等方方面面,都观察到无序到有序的转化过程。其中,生命进化是大家熟知的例子。生命起源一直是个重大的不解之谜,至今仍然众说纷纭。生命之谜藏身于 DNA 分子的自我复制现象中,DNA 的自我复制需要蛋白质的参与,而蛋白质产生又依赖于 DNA 携带的信息,这话听起来有点像通常人们开玩笑时所调侃的"先有蛋还是先有鸡"的悖论。事实上也是如此,这个鸡与蛋的基本问题可以说至今未解,因为它在本质上问的就是生命如何起源。

无论如何,生命起源与自我复制的机制有关,科学家们很早就认识到这一点。生物学家们在实验室里研究分子如何自我复制的问题，而数学家及理论物理学家们则希望用某种数学模型，在计算机上来模拟产生自我复制的现象。早在20世纪50年代，大数学家冯·诺依曼为模拟生物细胞的自我复制而提出了自动细胞机的概念。但当时并未受到学术界重视，直到1970年，随着计算机技术的普及，剑桥大学的约翰·何顿·康维设计了一个叫作《生命游戏》的电脑游戏之后，自动细胞机这个课题才吸引了科学家们的注意。

1970年10月，美国趣味数学大师马丁·加德纳通过《科学美国人》杂志的"数学游戏"专栏，将康维的"生命游戏"介绍给学术界之外的广大读者，一时吸引了各行业一大批人的兴趣。

所谓生命游戏，事实上并不是通常意义上的游戏，它没有游戏玩家各方之间的竞争，也谈不上输赢，可以把它归类为仿真游戏。事实上，也是因为它模拟和显示的图像，看起来颇似生命的出生和繁衍过程而得名为生命（图6.4.1）。

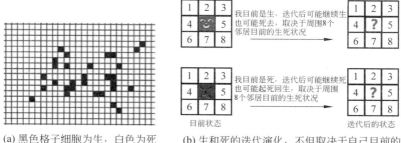

(a) 黑色格子细胞为生，白色为死

(b) 生和死的迭代演化，不但取决于自己目前的状态，还取决于8个邻居目前的状态

图 6.4.1　生命游戏是二维的"自动细胞机"

游戏在一个类似于围棋棋盘一样的，但格子更为密集、数目更多、可以无限延伸的二维网中进行。例如，设想如图6.4.1(a)所示的方格网。每个方格中都可放置一个生命细胞，每个生命细胞只有两种状态：生或死。在图6.4.1(a)所示的方格网中，我们用黑色的方格表示该细胞为生，空格（白色）表示该细胞为死。或者换句话说，方格网中的黑色部分表示的是某个时候某种生命的分布图。生命游

戏想要模拟的就是：随着时间的流逝，这个分布图将如何一代一代地变化？

这里又要用上我们在之前已经打过多次交道的迭代法。在此我们不妨回忆一下曾经用过的迭代法：我们用迭代法画出了曼德勃罗集、朱利亚集等各种分形；用迭代法研究过逻辑斯蒂系统中的倍周期分岔现象、系统的稳定性、从有序到无序的过渡；还用迭代法求解洛伦茨方程及限制性三体问题的数值解。那么，这生命游戏用的迭代法有点什么不同呢？在画分形图和倍周期分岔图时，我们考虑的是系统的长期行为，画出的是固定的，不随时间而变化的图形；画微分方程的数值解时，曲线是随时间而变化的函数，但是那只是空间中的一个点的轨迹。而在生命游戏中，考虑的是整个平面上的"生命细胞"分布情况的演化过程。也就是说，平面上每个点的生死状态都在不停地变化着。可想而知，这种迭代过程看起来将会生动有趣多了，否则，怎么会把它称之为游戏呢。

游戏开始时，每个细胞可以随机地（或给定地）被设定为生或死之一的某个状态，然后，根据某种规则，计算出下一代每个细胞的状态，画出下一代的生死分布图。

应该规定什么样的迭代规则呢？我们需要一个简单的，但又反映生命之间（格子和格子之间）既协同、又竞争的生存定律。为简单起见，最基本的考虑是假设每一个细胞都遵循完全一样的生存定律；再进一步，我们把细胞之间的相互影响只限制在最靠近该细胞的8个邻居中，参考图6.4.1(b)。也就是说，每个细胞迭代后的状态由该细胞及周围8个细胞目前的状态所决定。作了这些限制后，仍然还有很多方法，来规定生存定律的具体细节。

例如，在康维的生命游戏中，规定了如下3条生存定律（被称为规则B3/S23）：

(1) 如果8个邻居细胞中，有3个细胞为生，则迭代后该细胞状态为生；

(2) 如果8个邻居细胞中，有2个细胞为生，则迭代后该细胞的生死状态保持不变；

（3）在其他情况下，迭代后该细胞状态为死。

上面的 3 条生存定律，你当然可以任意改动，发明出不同的生命游戏。但那几条规则，也不是游戏的发明者康维随便想当然定出来的，其中暗藏着周围环境对生存的影响在内。比如第一条，8 个邻居中有 3 个是活的，不多不少，这种情况也许对中间的小生命是最理想的，因此，迭代后结果总是为生。第二条，8 个邻居中有 2 个是活的，人气不太旺盛哦，不过也还算马马虎虎吧，对中间的小生命影响不大，所以康维认为，生死可以维持原状。第三条就包括了好几种情况啦，一是 8 个邻居中活的数目多于 4 个，太挤啦，将造成物质缺乏，只有死路一条；或者是，8 个邻居几乎全死光了，顶多只有一个奄奄一息的，那样的话，中间的小生命也难以生存，死定了。

如此定下了生存定律之后，对格子网的某种初始分布图，就可以决定每个格子下一代的状态，然后，同时更新所有的状态，得到第二代的分布图。这样一代一代地作下去，以至无穷。比如说，在图 6.4.2 中，从第一代开始，画出了四代细胞分布的变化情况。第一代时，图中有 4 个活细胞（黑色格子），然后，读者可以根据以上所述的 4 条生存定律，得到第二、三、四代的情况，观察并验证图 6.4.2 的结论。

图 6.4.2　二维生命细胞的四代演化过程

你可能会说,这样的游戏玩起来真是太不方便了!一格一格地算半天才走一步,也看不出趣味在何处。不过,有了计算机的帮助,就不难发现生命游戏的趣味所在了。我们可以根据四条生存定律编好程序,输入初始状态图,用计算机很快地来进行一代一代的运算和显示。图 6.4.3 所演示的便是计算机的仿真结果,初始分布如图中 $n=0$ 的小图所示,接下来,便是第 5、7、30、50、100、150 代之后的分布图。需要注意,图中计算机画出的图形颜色正好与我们刚才的规定相反:黑色背景部分表示没有生命,其余的彩色部分(除黑色之外的任何颜色)则表示生命的分布情形。

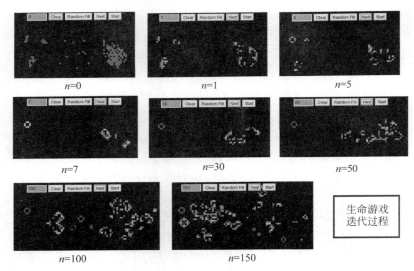

$n=0$ $\qquad$ $n=1$ $\qquad$ $n=5$

$n=7$ $\qquad$ $n=30$ $\qquad$ $n=50$

$n=100$ $\qquad$ $n=150$

生命游戏
迭代过程

图 6.4.3 计算机模拟的生命游戏迭代过程(彩图附后)

(这个计算机生成的图中,黑色部分表示死,其他彩色表示生)

生命游戏程序引自:http://www.tianfangyetan.net/cd/java/Life.html

如果仔细观察图 6.4.3 所示生命游戏图形的演化过程,能发现几个有趣现象。看看最初始的分布图 $n=0$ 中,可将活的细胞分为左中右三群:左边一群不密不疏,最后的演化结果只剩下了一个固定的四边图形；中间的那一群非常分散，人烟过分稀少，第二代就全部死光了；最为有趣的是右边那一群，开始时人口密集，挤得够呛！因此第二代也死掉不少。但是后来，人口逐渐迁移分散，群体得到了更大的空间，从 $n=50$ 之后，这群人口大幅度增长，子孙繁衍到各处。

林童在计算机上玩自己刚写出的"康维的生命游戏"程序。看着屏幕上五彩缤纷的图像，跳跃不止的点点色彩像夜空中闪烁不停的星星一样，林童心中泛起一股成就感。特别当他设置出各种初始分布情形，玩了一阵儿之后，林童更加感到兴趣盎然。

例如，如果你选择随机设置作为游戏的初始分布，你会看到，游戏开始运行后的迭代过程中，细胞生生死死、增增减减、变幻无穷。屏幕上生命细胞的图案运动变化的情况，的确使人联想到自然界中某种生态系统的变化规律：如果一个生命，其周围的同类过于稀疏，生命太少的话，会由于相互隔绝失去支持，自身得不到帮助而死亡；如果其周围的同类太多而过于拥挤时，则也会因为缺少生存空间，且得不到足够的资源而死亡。只有处于合适环境的细胞才会非常活跃，能够延续后代，并进行传播。林童也注意到，游戏开始时的混乱无序的生命随机分布，在按照康维的生存规律，迭代了几百次之后，总是形成一些比较规则的图案，像图 6.4.4 所示的那样。这看起来确实有点类似无序到有序的转化，或者是李四说的自组织现象。游戏的演化方向和热力学第二定律描述的那种趋于平衡的演化方向大相径庭，这个游戏真能和生命起源或生命进化沾上点儿边吗？

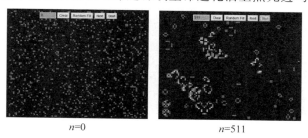

$n=0$ $n=511$

图 6.4.4　生命游戏模拟"无序到有序"（彩图附后）

生命游戏激起了林童对生命科学的兴趣,脑海里模糊地确定了一个自己将来发展的方向:用计算机技术来研究生命科学。不过当前,他饶有兴味地看着图 6.4.4 中 $n=511$ 的那张图,其中的图案使他浮想联翩。计算机屏幕上,随着 n 的增大,图案不断变化:有的图案最后定居在某个位置,似乎永远不变了,除非远方来的侵略者突然出现在旁边,这种固定类型图案使林童想起收敛于一点的经典吸引子;有的群体,则作很规则的振动,在几个图案之间不停地循环跳跃,就像逻辑斯蒂系统分岔成双态平衡和多态平衡时的情形那样;还有几种图案,颇似太空船、游艇、或汽车,逍遥自在地周游四方;有的群体,在不断游走的同时,自身图案的形状也变换无穷,这种情形是不是和逻辑斯蒂系统中出现混沌有点类似呢?从数学上,林童想不出这生命游戏能和逻辑斯蒂混沌系统有什么关系,书上也没见有诸如此类的说法,只不过是似曾相识的现象到处可见而已啊!尽管如此,林童仍然觉得这"生命游戏"特别有意思,继续观察研究各种图案。

图 6.4.4 中 $n=511$ 的图,的确比 $n=0$ 的初始图,更有次序多了。其中看上去有序的每种图案又互不相同、各有特色。在图 6.4.5 中,我们画出了几种典型的分布情形,大概可以把这些图案的演化方式分成下列几种类型:静止型、振动型、运动型、死亡型、不定型。

例如,图 6.4.5 中的蜂窝、小区和小船都属于静止型的图案,如果没有外界的干扰的话,此类图案一旦出现后,便固定不再变化;而闪光灯,癞蛤蟆等,是由几种图形在原地反复循环地出现而形成的振动型;图中右上角的滑翔机和太空船,则可归于运动类,它们会一边变换图形,一边又移动向前。如果你自己用生命游戏的程序随意地试验其他一些简单图案的话,你就会发现:某些图案经过若干代的演化之后会成为静止、振动、运动中的一种,或者是它们的混合物。

此外,也还有可能得到我们尚未提及的另外两种结果:一类是最终会走向死亡,完全消失的图案;另一类是永远不定变化的情形。就拿最终死亡的情况来说吧,死的速度有快有慢,有的昙花一现,不

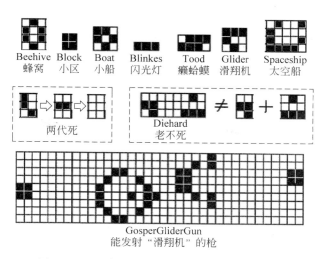

图 6.4.5　生命游戏中几种特别类型的分布图案

过几代就断子绝孙了（图中的两代死）；有的倒能繁荣昌盛几百上千代：如上图中间的第二个例子就能坚持 130 代。有趣的是，图中的老不死是由两个分图案构成的，这两个分图案如果单独存在，都会长生不死，纠集在一块儿后，尽管也延续了 130 代，结果却不一样，最后以死而告终。这可看作是一个整体不等于部分之和的实例。在变幻莫测的生命游戏中，还有许许多多诸如此类的趣事，我们就不一一列举了。

　　尽管生命游戏中每一个小细胞所遵循的生存规律都是一样的，但由它们所构成的不同形状的图案的演化行为却各不相同。我们又一次地悟出这个道理：复杂的事物（即使是生命！）原来也可以来自于几条简单的规律！生命游戏继分形和混沌之后，又为我们提供了一个观察从简单到复杂的好方式。

　　生命游戏的发明人约翰·康维现为美国普林斯顿大学数学教授。康维除了致力于群论、数论、纽结理论及编码理论这些多方纯数学领域之外，也是游戏的热心研究者和发明者。在众多贡献之中，他

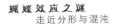

的两个最重要的成果都与游戏有关：其一是他在分析研究围棋棋谱时发现了超实数（surreal number）；其二便是他在英国剑桥大学时发明的生命游戏使他名声大振，特别是经由《科学美国人》连续两期的介绍推广后，康维的名字在20世纪70年代的大学及知识界几乎人人皆知。70年代初，使用计算机还只是少数科研人员的专利，对生命游戏中图案演化行为的研究，有些热心者甚至利用业余时间在纸上进行！据马丁·加德纳后来回忆所述，当时整个国家科研基金的用途中，可能有价值上百万美元的计算机时间花费于并不十分合法的对"生命"游戏的探索。业余爱好者疯魔于此游戏的规则简单却变化无穷；生物学家从中看到了"生态平衡"的仿真过程；物理学家联想到某种似曾相识的统计模型；而计算机科学家们则竞相研究"生命游戏"程序的特点，最后，终于证明了此游戏与图灵机等价的结论。对生命游戏过分的热心和疯狂，大大超出了《科学美国人》的"数学游戏"专栏的负荷能力，以至于当时还专门为此推出了一个名为《生命线》的通信刊物。

　　另一件值得一提的趣事是：康维当时设置了一个50美元的小奖金，给第一个能证明生命游戏中某种图形能无限制增长的人。这个问题很快就被麻省理工学院的计算机迷Bill Gosper解决了，这就是图6.4.5中最下面一个图案"滑翔机枪"的来源。图6.4.6所示的是"滑翔机枪"在计算机上运行的情形：一个一个的"滑翔机"永不停止地、绵绵不断地被"枪"发射出来。

　　这个实例证明了生命游戏中存在无限增长的情形，看起来的确令人鼓舞：由几条简单的生存定律构成的宇宙中的"枪"，能不断地产生出某种东西，就像机器制造出产品一样。那么，是否可能再进一步，找到某种图案在演化过程中能自我复制，像生命形成的过程一样呢？这不也正是冯·诺依曼当时提出"自动细胞机"的原始想法吗？

　　康维的生命游戏的规则是可以改动的。于是，便产生了将生存定律稍加改动的生命游戏系列，1994年，一个叫Nathan Thompson的人发明了HighLife游戏，将生存定律从康维的B3/S23改为B36/

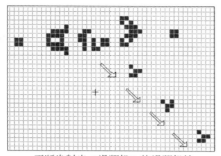

不断发射出"滑翔机"的滑翔机枪

图 6.4.6　生命游戏中的滑翔机枪

S23，并且从这个游戏得到自我复制的图案[46]。再后来，也有人从原版的康维生命游戏得到自我复制现象。

林童激动地告诉刚走进房间的王二和林零，用生命游戏可以观察到自我复制的图案，解决生命起源之谜已经为时不远啦，却不料被王二嘲笑了一番：

"别太幼稚啦，那不过是个游戏，离真正的、生物学意义上的生命还相距十万八千里呢！计算机当然是个仿真大自然的好工具，但毕竟只是仿真，不是真的。不要像那个什么史蒂芬·沃尔弗拉姆似的，以为计算就能解决一切问题了，真是大惊小怪、异想天开！"

林童被王二嘲笑得十分沮丧，也不知王二所说的沃尔弗拉姆是何方神圣？不过读者别为他着急，且读下文，方知分晓。

6.5　木匠眼中的月亮

西方有句谚语："在木匠眼里，月亮也是木头做的。"

古希腊哲学家泰勒斯说：万物之本是水。他的学生毕达哥拉斯说：万物之本是数。再后来又有赫拉克利特说：万物之本是火。中国哲学家孟子以心为万物之本。近代的哲学家有了物理知识，则说：万物之本是原子、电子等基本粒子。看来，哲学家们和木匠异曲同工，都

希望把复杂的世界追根溯源到某一种简单的、自己理解了的东西。

如今这个计算机时代,有人宣称说:万物之本是计算。

这个人就是20世纪80年代后期开发著名的《数学》(Mathematica)符号运算软件的美国计算机科学家,史蒂芬·沃尔弗拉姆(Stephen Wolfram)。

实际上,沃尔弗拉姆并不是提出"万物之本是计算"的第一人。MIT计算机实验室前主任弗雷德金,早在20世纪80年代初就提出:"终极的实在不是粒子或力,而是根据计算规则变化的数据比特。"著名物理学家费曼在1981年的一篇论文里也表达过类似的观点。

不过,沃尔弗拉姆沿着这条路走得更远。从古至今困扰人们的三个基本哲学问题:生命是什么?意识是什么?宇宙如何运转?按照沃尔弗拉姆在他的砖头级巨著《一种新科学》里的计算等价原理,生命、意识都从计算产生,宇宙就是一台细胞自动机。

被人们称为天才的沃尔弗拉姆1959年生于伦敦,15岁发表他的第一篇科学论文,20岁获得美国加州理工学院的物理博士学位。之后,又荣获麦克阿瑟基金会的"天才"奖。当时,他将此奖项所获得的125 000美元的奖金全部用于了他感兴趣的基本粒子物理及宇宙学等方面的研究。

20世纪80年代初期,即将离开加州理工学院,前往普林斯顿高等研究院进行研究的沃尔弗拉姆在一次研讨会上,初识了细胞自动机的理论,颇有一见钟情、相见恨晚的样子,一头扎进细胞自动机的研究之中。

沃尔弗拉姆在20世纪80年代后期,因为开发了著名的《数学》符号运算软件而声名大振,且获得了商业上的成功。进入90年代后,他便躲进小楼成一统,继续他所痴迷的细胞自动机工作,潜心著作一部"旷世之作"。直到2002年,沃尔弗拉姆奋战10年,经过无数次的敲键盘、移鼠标,终于产生出作者狂妄地自我宣称是"与牛顿发现的万有引力相媲美的科学金字塔"的巨著,名为《一种新科学》[47]。

在这部 1200 页的重量级著作中，沃尔弗拉姆将他所偏爱的一维自动细胞机中的"规则 110"的精神光大发扬，贯穿始终。根据书中的观点，各种各样的复杂自然现象，从弹子球、纸牌游戏到湍流现象；从树叶、贝壳等生物图案的形成，到股票的涨落，实际上都受某种运算法则的支配，都可等价于"规则 110"的细胞自动机。沃尔弗拉姆认为"如果让计算机反复地计算极其简单的运算法则，那么就可以使之发展成为异常复杂的模型，并可以解释自然界中的所有现象"，沃尔弗拉姆甚至更进一步地认为宇宙就是一个庞大的细胞自动机，而"支配宇宙的原理无非就是区区几行程序代码"。

《一种新科学》的出版在当时引起轰动，初版五万册在一星期之内销售一空，但是，学术界大多数专家们对此书的评价却不高。对沃尔弗拉姆傲慢自大、忽视前人的工作、自比牛顿的做法，更是嗤之以鼻，认为这是使用商业手段，对不熟悉细胞自动机的广大读者的一种误导。事实上，沃尔弗拉姆并未创立什么新科学，由冯·诺依曼提出的细胞自动机的理论已有五十多年的历史，这个理论以及基于复杂源于简单的道理的复杂性科学，一直都是科学界的研究课题。

沃尔弗拉姆虽然言过其实，但他对细胞自动机的钟爱，对科学的执著，仍然令人佩服。况且，沃尔弗拉姆也不仅仅是空口说白话，而是用计算机进行了大量的论证和研究。比如，他认定了宇宙是个庞大的细胞自动机，但是有很多种不同的细胞自动机啊，宇宙到底是根据哪种细胞自动机运转的呢？我们在上一章中介绍过的康维的生命游戏，只是众多二维细胞自动机中的一种，如果变换生存定律，可以创造出一大堆不同的生命游戏来。此外，除了二维的细胞自动机，还可以有一维、三维、甚至更多维的细胞自动机。那么，宇宙遵循的是哪一种呢？

沃尔弗拉姆想，首先应该从最简单的一维细胞自动机开始研究。

像生命游戏那种二维细胞自动机，是将平面分成一个个的格子。因此，一维细胞自动机就应该是将一维直线分成一截一截的线段。不过，为了表示得更为直观一些，我们用一条无限长的格点带来表示

某个时刻的一维细胞空间,如图 6.5.1(a)所示。用格子的白色或黑色来表示每个细胞的生死两种状态。并且,只考虑最相邻的两个细胞,也就是与其相接的"左"、"右"两个邻居的影响。如此所构成的最简单的细胞自动机被称为初级细胞自动机。

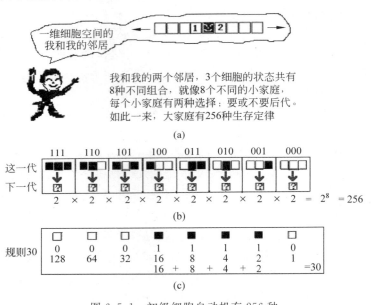

图 6.5.1　初级细胞自动机有 256 种

到底有多少种初级细胞自动机呢? 一个细胞加上它的左右两个邻居,这 3 个细胞的生死状态(输入),决定了该细胞下一代(输出)的状态。因为 3 个细胞的状态共有 8 种不同的组合,因此,如图 6.5.1(b)所描述的,初级细胞自动机的输入有 8 种可能性。对每一种可能的输入,下一代的中间那个细胞都有生或死两种状态可选择。所以,总共可以组合成 $2^8 = 256$ 种不同的生存定律。也就是说,有 256 种不同的初级细胞自动机。

和我们介绍生命游戏一样,图 6.5.1(b)中用二进制的 0(空格)代表"死",1(黑色格子)代表"生"。首先,将输入可能的 8 种情况按照 111、110、101、100、011、010、001、000 的顺序从左至右排列起来，然后，8 种输入所规定的输出状态形成一个 8 位的二进制数。将此二进制数转换成十进制，这个小于 256 的正整数便可用作初级细胞自动机的编码。例如，图 6.5.1(c)所示的输出状态可以用二进制数 00011110 表示，将其转换成十进制数之后，得到 $2^4 + 2^3 + 2^2 + 2^1 = 30$。我们便把这个生存定律代表的初级细胞自动机，称为"规则 30"。

为了显示一维细胞自动机中，细胞状态不同瞬时的演化情况，我们将每一个相继时刻对应的格点带附在上一时刻对应的格点带下面。如图 6.5.2 所示，在 t_0 时刻的格点带是一条只有中间一个格点为黑，其余格点均为白的左右延伸的长带子。图中，垂直向下的方向表示时间的流逝。因为加了一个时间轴，所以，虽然是一维细胞自动机，而计算机屏幕显示出来的却是一个二维格点图。图 6.5.2 显示了"规则 30"的演化，图 6.5.3 给出了更多其他规则的初级细胞自动机的演化图形。

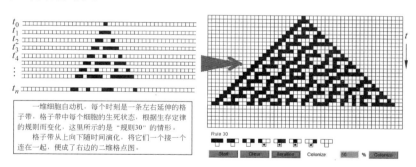

图 6.5.2   初级细胞自动机"规则 30"的时间演化图
初始时刻只有中间一个细胞为"生"

Java 程序引自：http://mokslasplius.lt/rizikos-fizika/en/wolframs-elementary-automatons

在沃尔弗拉姆发表的一系列论文中，对一维细胞自动机的代数、几何、统计性质作了系统深入的研究和分类。他还特别对其中初级细胞自动机的"规则 30"和"规则 110"的有趣性质情有独钟。图 6.5.4 给出这两种规则对于随机初始值的时间演化图。"规则 30"之所以

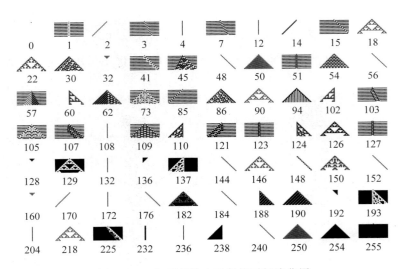

图 6.5.3　初级细胞自动机的时间演化图

图像引自: http://mathworld. wolfram. com/ElementaryCellularAutomaton. html

特别是因为它的"混沌"行为,例如我们可以考查中心细胞的状态随时间演化所得到的二进制序列:1,1,0,1,1,1,0,0,1,1,0,0,0,1,…可以证明,这是一个无穷不循环的伪随机序列。"规则 110"则更为有趣:在随机的初始条件下,却产生出好些看起来在一定程度上有序、但是又永不重复的图案。"规则 110"似乎揭示了无序中的有序,混沌之中包含着的丰富的内部结构,隐藏着更深层次的规律。沃尔弗拉姆的一个年轻助手库克后来(1994 年)证明,"规则 110"是等效于通用图灵机的。

　　如何理解一个初级细胞自动机"等效于通用图灵机"呢? 从生物学的角度看,细胞自动机的每一次迭代变化表现为细胞的生生死死,而从计算机科学的角度,每次演化却可看作是完成了一次计算。

　　计算机的历史上,人们曾经使用过一条长长的穿孔纸带作为输入输出,这听起来和我们这儿每个离散时刻的格子带有些类似。格点带上细胞的黑白生死分布,就对应于计算机纸带上的(0/1)"符号

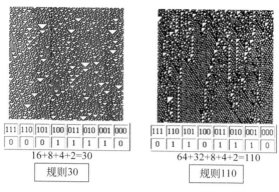

111	110	101	100	011	010	001	000
0	0	0	1	1	1	1	0

16+8+4+2=30

规则30

111	110	101	100	011	010	001	000
0	1	1	0	1	1	1	0

64+32+8+4+2=110

规则110

图 6.5.4 "规则 30"和"规则 110"

串"。可以想象，如果我们有适当的编码方法，就能将任何数学问题，包括它的初值和算法，变成一列符号串，写到初始的第一条格子带上。然后，根据细胞自动机内定的变换规则，可以得到下一时刻的符号串，也就是说，完成了一次"计算"。依次类推，时间不断地前进，计算便一步一步地进行，直到所需要的结果。这个过程，的确与计算机的计算过程类似。

但是，并非所有规则的细胞自动机都能等同于真正的计算机，还得看看它的智商如何。上面说过，我们有 256 种不同规则的细胞自动机，它们的智商高低不同，各具有不同的计算能力。

例如，让我们考查一下图 6.5.3 所显示的 256 个初级细胞自动机中的几个特例：

1. 首先，像"规则 255"这样的，完全谈不上什么计算能力，连识别能力都没有，因为无论对什么数，经它计算一次之后，全部一抹"黑"，这点从它的规则定义也可看出来；"规则 0"也一样，全部一抹"白"。

2. 接着，我们再来看像"规则 90"那一类的，时间演化图有点像帕斯卡三角形的那种。这种情况的结果太规矩了，一个呆脑瓜，肯定计算能力有限，第一条的数据再复杂，犹如对牛弹琴一样。

3. 另外，像"规则 30"那类似乎较好一些，但逻辑杂乱无章，是个胡作非为、不听指挥的家伙。

4. 最后，唯有像"规则 110"这类的，计算能力才达到标准，被证明与通用图灵机是计算等效的。

……

林童看完了有关"初级细胞自动机"的介绍，闭着眼睛遐思冥想。王二没错！月亮的确不是木头做的，我们的世界也不能单靠计算而算出来。但是，分形、混沌以及非线性科学中的这些数学模型，以及计算机迭代的方法，对理解大自然还是很有用处的。林童想，科学真是太有趣、太迷人了！科学就像一座美丽宏大的花园，从分形和混沌这几支科苑奇葩，他似乎看到了满园的绿草如茵、花果飘香。林童想着想着，不知不觉地进入了梦乡，梦中，他徜徉在百花丛中……

参 考 文 献

[1] LORENZ E N. Deterministic Nonperiodic Flow [J]. Journal of the Atmospheric Sciences, 1963, 20: 130-141.

[2] GLEICK J. Chaos: Making a New Science [M]. New York: Penguin, 1987.

[3] CHANG A, ZHANG T R. The Fractal Geometry of the Boundary of Dragon Curves [J]. Journal of Recreational Mathematics, 2000, 30: 9-22.

[4] EDGAR G A. Classics on Fractals [M]. Menlo Park: Addison-Wesley, 1993.

[5] HAUSDORFF F. Dimension und äußeres Maß [J]. Mathematische Annalen, 1919, 79: 157-179.

[6] CHANG A, ZHANG T R. The Fractal Dimension of Dragon Boundary [OL]. http://en. wikipedia. org/wiki/Dragon_curve

[7] MANDELBROT B B. The Fractal Geometry of Nature [M]. San Francisco: W. H. Freeman, 1983.

[8] POINCARÉ H. The Relativity of Space [OL]. 1897. http://www. marxists. org/reference/subject/philosophy/works/fr/poincare. htm

[9] POINCARÉ H. On the Dynamics of the Electron [J]. Comptes Rendues, 1905, 140: 1504-8.

[10] POINCARÉ H. On the Dynamics of the Electron [J]. Rendiconti del Circolo matematico di Palermo, 1906, 21: 129-176.

[11] DARRIGOL O. The Mystery of the Einstein Poincaré Connection [J]. Isis, 2004, 95(4): 614-26.

[12] GALISON P L. Einstein's Clocks, Poincaré's Maps [M/OL]. http://www. fas. harvard. edu/~hsdept/bios/galison-einsteins-clocks. html

[13] HILL G W. Researches in the Lunar Theory [J]. American Journal of Mathematics, 1878, 5-26, 129-147, 245-260.

[14] MAY R M. Simple Mathematical Models with Very Complicated Dynamics [J/OL]. Nature, 1976, 261: 459-467. http://matematicas. euita. upm. es/GRuiz/ICF/Pdf/May76. pdf

[15] MAY, R. M. The Chaotic Rhythms of Life [J]. Australian Journal of Forensic Sciences, 1990.

[16] BULDYREV S V, GOLDBERGER A. L, et al. Fractal Landscapes and Molecular Evolution: Modeling the Myosin Heavy Chain Gene Family [J]. Biophysica Journal, 1993, 65: 2675-2681.

[17] SAPOVAL B. Universalités et fractales [M]. Paris: Flammarion-Champs, 2001.

[18] TAN CO, et al. Fractal Properties of Human Heart Period Variability: Physiological and Methodological Implications [J]. The Journal of Physiology, 2009, 587: 3929.

[19] GLASS L, MACKEY M. From Clocks to Chaos: The Rhythms of Life [M]. Princeton: Princeton Univ Press, 1988.

[20] GOLDBERGER A L, RIGNEY D R, BRUCE J. Chaos and Fractals in Human Physiology [J]. West Scientific America, 1990(2).

[21] LIPSITZ L A, GOLDBERGER A L. Loss of Complexity and Aging [J]. The Journal of the American Medical Association, 1992, 267(13).

[22] LEFÈVRE J. Teleonomical Optimization of a Fractal Model of the Pulmonary Arterial Bed [J/OL]. J Theor Biol, 1983: 21. http://www. ncbi. nlm. nih. gov/pubmed/6876845

[23] YERAGANI V K, JAMPALA V C, et al. Effects of Paroxetine on Heart Period Variability in Patients with Panic Disorder: A Study of Holter ECG Records [J/OL]. Neuropsychobiology, 1999, 40: 124-128. http://www. karger. com/Article/FullText/26608

[24] SMALE S. Chaos: Finding a Horseshoe on the Beaches of Rio [OL]. 1996. http://www6. cityu. edu. hk/ma/doc/people/smales/pap107. pdf

[25] COLLET P, ECKMANN J P, KOCH H. Period Doubling Bifurcations for Families of Maps on [J]. Journal of Statistical Physics, 1981, 25: 1-14.

[26] WALDNER F, BARBERIS D R, YAMAZAKI H. Route to Chaos by Irregular Periods: Simulations of parallel pumping in ferromagnets [J]. Physics Review A, 1985, 31(1): 420-431.

[27] POMEAU Y, MANNEVILLE P. Intermittent Transition to Turbulence in Dissipative Dynamical Systems, Commun [J]. Jouranl of Mathematical Physics, 1980, 74: 189-197.

[28] OTT E, SOMMERER J C. Blowout Bifurcations: the Occurrence of Riddled Basins and on-off Intermittency [J]. Physics Letters A, 1994, 188: 39-47.

[29] BATTELINO P M, GREBOGI C, OTT E, et al. Chaotic Attractors on a 3-torus and Torus Break-up [J]. Physica D, 1989, 39: 299-314.

[30] CHUA L O. The Genesis of Chua's Circuit [J]. Archiv Elektronic Ubertransgungstechnik, 1992, 46: 250-257.

[31] MADAN R N. Chua's Circuit: A Paradigm for Chaos [J]. World Scientific, 1993.

[32] MANDELBROT B. Fractals and the Art of Roughness [OL]. http: // www. ted. com/talks/benoit _ mandelbrot _ fractals _ the _ art _ of _ roughness. html

[33] MANDEIBROL B. The Variation of Certain Speculative Prices [J]. Journal of Business, 1963, 36: 394-419.

[34] FAMA E F. Mandelbrot and the Stable Paretian Hypothesis [J]. Journal of Business, 1963, 36(4): 420-429.

[35] DAY R. Irregular Growth Cycles [J]. American Economic Review, 1982 (72): 406-414.

[36] DAY R. The Emergence of Chaos From Classical Economic, Growth[J]. The Quarterly Journal of Econ, 1983 (54): 201-213.

[37] BARNET T, WILLIAM A, CHEN P. Economic Theory as a Generator of Measurable Attractors [J]. Mondes en Developpement, 1986, 14: 209-24.

[38] CHEN P. Origin of Division of Labor and Stochastic Mechanism of Differentiation [J]. European journal of operational research, 1987, 30 (3): 246-250.

[39] BROCK W A，SAYERS C. Is the Business Cycles Characterized by Deterministic Chaos? [J]. Journal of Monetary Economics，1988，22：71-80.

[40] CHEN P. A Random-Walk or Color-Chaos on the Stock Market? Time-Frequency Analysis of S&P Indexes [J]. Studies in Nonlinear Dynamics & Econometrics，1996，1(2)：87-103.

[41] PETERS，EDGAR E. Fractal Market Analysis：Applying Chaos Theory to Investment and Economics [M]. Hoboken：John Wiley and Sons，1994.

[42] 丁玖. 中国数学家传（第六卷） 李天岩 [OL]. http：//wenku. baidu. com/view/9b2e1906eff9aef8941e061f. html

[43] LI T Y，YORKE J A. Period Three Implies Chaos [J/OL]. American Mathematical Monthly，1975，82：985-992. http：//pb. math. univ. gda. pl/chaos/pdf/li-yorke. pdf

[44] Wikipedia：John Russell [OL]. http：//en. wikipedia. org/wiki/John_Scott_Russell

[45] ABLOWITZ M，BALDWIN D E. Nonlinear Shallow Ocean-wave Soliton Interactions on Flat Beaches [J]. Physical Review E，2012，86(3).

[46] 生命游戏 Java [OL]. http：//www. bitstorm. org/gameoflife/

[47] Wolfram S. A New Kind of Science [M]. Charnpaign：Wolfram Media，Incorporated，2002.

[48] Stewart I，Does God Play Dice? The Mathematics of Chaos [M]. London：Penguin Books，1989，141.

[49] Osborne，M. F. M. Brownian Motion in the Stock Market [J]. Operations Research，1959，7(2)：145-173.

程序网址：

[A] 分形龙 [OL]. http：//www. tianfangyetan. net/cd/java/fractals. html

[B] 曼德勃罗集和朱利亚集[OL]. http：//www. tianfangyetan. net/cd/java/iterfract. html

[C] 洛伦茨吸引子 [OL]. http：//www. tianfangyetan. net/cd/java/Lorenz. html

[D] 三体问题演示程序 [OL]. http：//alecjacobson. com/programs/three-body-chaos/

http：//alecjacobson. com/programs/fullscreen-applet/? page ＝ http％3a//alecjacobson. com/programs/three-body-chaos/

〔E〕 倍周期分岔现象演示程序〔OL〕. http：//www. tianfangyetan. net/cd/java/Bifurcations. html

〔F〕 分形音乐网站〔OL〕. https：//docs. google. com/leaf? id ＝ 0B7ZOv_0yiMYgM2VlMDQwNTMtNDU2Yi00MWZk. . .

http：//www. youtube. com/watch? v＝uHg_g-3Yeow&-feature＝related

从数学游戏到真实世界

张天蓉是我在美国得克萨斯大学奥斯汀校区物理系的同学。20世纪80年代得克萨斯大学是世界上研究物理学前沿的领军学府。我的老师普里戈金（Ilya Prigogine）是非平衡态统计物理、自组织理论和复杂系统科学的创始人，1977年诺贝尔化学奖获得者。我在普里戈金研究中心的办公室在物理系的7楼，8楼就是张天蓉就读的理论物理研究中心。诺贝尔物理学奖获得者、研究基本粒子统一场论的温伯格（Weinberg），研究黑洞的著名理论物理学家惠勒（John Wheeler），研究量子引力场的德维特（DeWitt）都在那里。11楼有实验研究混沌现象领先世界的斯文尼（Henry Swinney）领导的非线性动力学中心。普里戈金中心研究混沌理论碰到的问题，就拿到11楼的实验物理学家那里讨论，反之亦然。正是这种前沿交融的学术气氛，熏陶了第一批来得大留学的中国研究生。

张天蓉是中国同学中的一位女才子。她在恢复考研时已经是三个孩子的母亲，从偏远的江西以高分考进久负盛名的中国科学院理论物理所，又是第一批公派出国读博士。她的数学之好，令同学们佩服不已。

她在得大选的领域是难度很高的数学物理，她的老师西希娥（Cécile DeWitt-Morette）也是一位物理学界的奇女子。20世纪40年代，这位身材小巧苗条举止优雅的法国姑娘，曾经爱慕过中国主持原子弹理论研究的著名物理学家彭桓武教授。张天蓉能到得大留学，也得益于他们旧日的情谊。理论物理之难，鲜有女生涉足。谁能想到西希娥竟然成为法国物理学"二战"后复兴的缪斯女神。西希娥深感"二战"后法国物理学地位的衰落，慨然倡议在法国办理论物理的夏季高级讲习班，邀请各国物理学大师来法国讲学。多年以后，即使她长居美国，仍然获得法国政府颁给的骑士勋章，以感谢她对法国物理复兴的贡献。

张天蓉写的这本书,和她写的《走近量子纠缠》都有同样鲜明的个人风格。一般的通俗科普读物,写的主要是"事"和概念,张天蓉讲的却是"人"和思想,即科学发现的真实故事。她写的科学家,个个都天真可爱,栩栩如生。爱好科学的年青人最需要知道的不是科学发现的结果,而是新思想的灵感来自何处。张天蓉以她自己的理解,讲出一个个生动的故事。这些讲故事的灵感,来自奥斯汀物理学跨学科的交流气氛。

我几次和张天蓉及其他同学一起访问过惠勒教授,他当时是唯一曾和爱因斯坦和波尔同时共事的物理学家,也是诺贝尔物理奖得主费曼的老师。我喜欢提问题,惠勒给我的答案必定以故事开头和结尾,张天蓉的文笔则是这些故事最好的见证。有一次,我们讨论爱因斯坦与波尔的著名论战,惠勒兴致勃勃地提起一件趣事。普林斯顿大学曾经想给爱因斯坦立个塑像。什么形象能代表爱因斯坦的个性呢?有人建议的形象是爱因斯坦弯腰给一个小女孩讲故事,以此表现爱因斯坦的好奇和童心。惠勒说,他见证了一个真实的场面,但是遗憾没有艺术家敢于表现。爱因斯坦和波尔既是好友,又是对手。每次波尔从欧洲来到普林斯顿,一定尽快冲到爱因斯坦家里。他们见面就争论不休。有次两个老朋友见面时正赶上爱因斯坦午睡,惠勒也在场。爱因斯坦一见波尔就翻身起来,两人辩论得忘乎所以。只有惠勒发现爱因斯坦竟然一丝不挂,而波尔也完全没想到要提醒爱因斯坦先穿上衣服!

混沌的发现,给牛顿物理学的世界观以致命的打击。特别引起物理学界震撼的是 1980 年费根鲍姆发现的普适常数。1981 年春,费根鲍姆到休斯敦大学讲演时,我有幸在座,并与其共进午餐。当时,没有一个听讲的物理学教授搞得懂。但是怀疑之外,有关混沌的报道总是吸引物理学家的眼球。1981 年秋,我做了普里戈金的研究生,发现一个中国学生难以理解的怪事:即教授和研究生对刚刚出现的"混沌热"采取完全相反的态度。当时科普读物对混沌大肆宣

传,惹得研究生和大学生趋之若鹜;但是物理的主流杂志拒绝发表和混沌有关的论文,因为没有多少实验证据。我当时虽然也对混沌颇为好奇,但还是埋头研究演化生物学及经济学劳动分工的演化机制。然而,1984年从布鲁塞尔打来的一个电话突然改变了我的研究轨道。普里戈金的学生和同事,比利时布鲁塞尔大学的尼科里斯(Nicolis)夫妇,从北极深海岩芯的地质数据中,发现了气象混沌的经验证据。他们兴奋之极,就从布鲁塞尔打电话来给普里戈金报喜,立即扭转普里戈金对混沌的立场,立刻发现这是一个划时代的革命,而且可以纳入自己创造的"自组织"理论。普里戈金放下电话就问我,是否有兴趣去寻找"经济混沌"。当时,我研究劳动分工模型已近尾声,重新开题意味着第四年的研究生要重新开始。当时,我们都模糊感觉到一个新时代的出现,尽管结果难料,但是不愿错过历史的机遇。所以,我立即放下手中的一切,从海量的经济金融的数据中大海捞针。终于在一年后从货币指数中找到第一个"经济混沌"的经验和理论证据,十年后改进了观测经济波动的参照系,发现连续时间的混沌在宏观和金融的时间序列中普遍存在。普里戈金也立即写了一本影响极大的新书《从混沌到有序》,整合非平衡态统计物理与非线性动力学的成果,成为复杂系统科学的奠基之作。我料想不到的是,经济混沌的发现让物理学家眉开眼笑,让生物学家喜出望外,却让经济学家困惑不已,因为混沌的概念颠覆了牛顿力学的可预测性。这究竟是科学的灾难,还是科学的福星,不同领域的学者有完全不同的理解。混沌对气象预报是为难之事,对理解生物和经济的多样性与适应性却是超越机械论的动力学基础。张天蓉的书,让我重提混沌研究初年的学界争议,是想告诉中国的青年朋友,科学发现要敢于挑战前人,甚至挑战自己的老师。普里戈金常说一句话:"科学研究,不是老师教学生,而是学生教老师。"我在普里戈金身边研究了二十余年。我发现,科学发现不是从学习教科书开始,而是从提问、观察开始。科学发现的机遇稍纵即逝,容不得半点犹豫不决。拿破仑有句名言："机会只对有准备的头脑存在!"这是成功者的经验之谈。

混沌研究是从数学物理学家开始的,后来才逐渐找到在各领域的应用。我从经济混沌的研究开始,从物理学转到经济学和金融学,是从经验数据的分析开始,而不是从已有的数学模型开始。和量子力学相比,混沌研究属于新兴的复杂科学的一部分,目前还不成熟,存在若干重大争论至今未决。

混沌的名称是数学家约克(James York)提出的。他们难以理解,为何决定论方程会产生不确定(轨道不能精确预言)的数学解?约克把他的困惑表现在他命名的混沌一词中。混沌(chaos)在英文中是"无序"的意思,负面的意义非常强烈。相比之下,中文的"混沌",原意是宇宙之始,类似盘古开天地,是"无序产生有序"的演化过程。普里戈金盛赞中国的老庄哲学比西方的原子论高明,因为包含了整体论和演化论的哲学思想。

普里戈金一生关注生命起源问题,如何从平衡态的无序,产生发展非平衡态的有序。普里戈金先是用非线性方程的极限环解来描写化学反应的类生命周期,后来,麦基(Mackey)、格拉斯(Glass)和我先后发现差分-微分方程(也叫延时微分方程)的混沌解,可以用来解释观察到的生物混沌和经济混沌。我把梅(May)发现的离散时间差分方程产生的决定论混沌叫做"白混沌";因为它的频谱是平的,活像白噪声。但是连续时间延时微分方程产生的决定论混沌,其频谱是有一定宽度的尖峰,我把它叫做"色混沌"。色混沌是生物钟的最简单的数学模型。我们的心跳和呼吸频率都有一定的变化范围,不会像机械钟那样只有单一频率的狭窄频谱尖峰,也不可能是白噪声。这是我们研究的非线性经济动力学与传统的新古典经济学的主要分歧。

普里戈金把混沌看为更高的生物秩序,而非更低的无序。维纳的控制论把生命的稳定性归因于负反馈机制,无疑只对一半;因为只有负反馈,就不会有新陈代谢和创新革命。我个人认为,色混沌是描

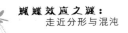
写生命现象的第二个数学表象。以"奇异吸引子"为例，它的典型图像是内密外疏的螺旋轨道，既有局部的轨道不稳定性，又有整体的结构稳定性。普里戈金指出正反馈的作用是双刃的：既破坏旧秩序，又创造新秩序。因此，任何生命系统必然包含正负反馈的共存和竞争。洛伦茨宣传的"蝴蝶效应"是言过其实的。假如只有正反馈的放大扰动，没有过度震荡时的负反馈抑制，任何结构都会瓦解。这在自然界是不可能的，因为能量守恒会限制局部震荡的无限放大，正如野火烧光燃料就会熄灭。真实的物理机制是多种非线性相互作用。天气预报有短期和中期的可能，但难以有长期的预报。夸大蝴蝶效应在市场中的作用，是经济学中市场原教旨主义反对任何政府干预的理由，但是并不成立。股票市场的短期、长期运动都难以预测，但是中期是可以的。这给宏观调控提供了基础。我们注意到调控经济周期的长短比调控价格幅度更为可行。大萧条和本次金融危机，都发生在长达十年的经济繁荣之后。时间表象和频率表象孰优孰劣，要具体问题具体分析。

毕业后，张天蓉和我走上不同的研究道路。多年没有联络了，不知当年的才女花开何处？突闻张天蓉退休后不甘寂寞，写了几本小说之后，又进军科普读物。文如其人，细心，亲切，又动人。对男女老少，凡夫雅士，都可以引发科学的好奇和探索的欲望。谁能知道，今天的读者中，又有谁会成为明天的爱因斯坦或洛伦茨呢？

一本好的科普读物，不仅可以介绍已有的知识，也能回顾历史的争议，启发未来的突破。初读张天蓉的书，就引发我对混沌研究的不同见解，和主流学者与大众媒体争议，好像又回到当年聚会于惠勒办公室的年代。我们的争论只是一家之言，谁更接近真实世界，让读者们去探讨。这正是张天蓉一书的独到之处。

最后，我要给读者透露一个机密：张天蓉能够几十年如一日发挥她的才干，还得益于她多才多艺的丈夫——我的另一个得大同学章球博士。你们难以想象，学工程的章球，不但心灵手巧，而且能歌善舞。当年一曲《新疆之春》，不知有多少倾慕者。科学是艰苦又需要想象的职业。要从事科学吗？最好有一个浪漫又忠诚的伴侣，共渡时艰。不同意吗？问问给张天蓉作序者的另一半好了！一笑，但是真的。

　　愿张天蓉的灵感和她书中的人物一样，青春常在！

陈　平

2013 年 2 月 12 日于美国得克萨斯大学奥斯汀校区

【陈平】　北京大学国家发展研究院教授，复旦大学新政治经济学中心高级研究员，哥伦比亚大学资本与社会中心外籍研究员，得克萨斯大学量子复杂系统中心访问研究员。从事非平衡态物理，非线性经济动力学与演化经济学的研究。

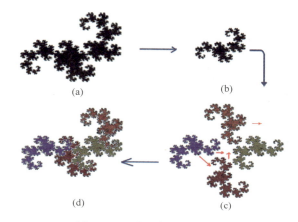

(a)

(b)

(d)

(c)

图 1.1.3　分形龙的自相似性

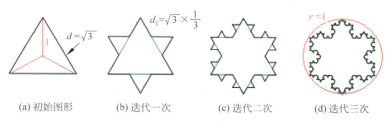

(a) 初始图形　　(b) 迭代一次　　(c) 迭代二次　　(d) 迭代三次

图 1.2.3　科赫雪花

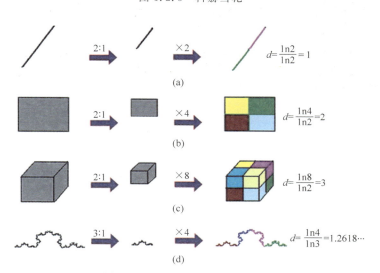

图 1.3.1　用度量方法定义的维数

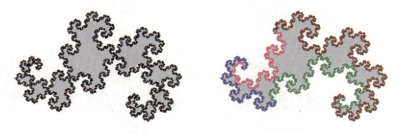

图 1.4.6　分形龙边界由四段自相似图形构成

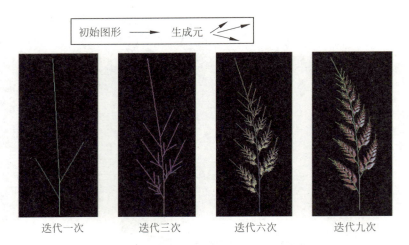

迭代一次　　　　迭代三次　　　　迭代六次　　　　迭代九次

图 1.5.1　计算机产生的树叶形分形图

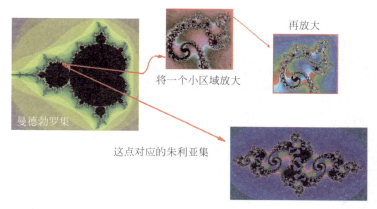

将一个小区域放大

再放大

曼德勃罗集

这点对应的朱利亚集

图 1.7.1　曼德勃罗集所形成的图形

图 1.7.2　用曼德勃罗-朱利亚图形设计的丝巾图案（红线勾出的图形与
　　　　　图 1.7.1 右下图的朱利亚集相似）

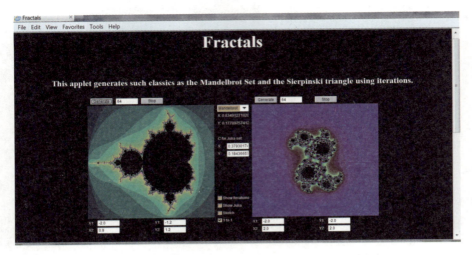

图 1.8.1　左侧图是曼德勃罗集，右侧是对应于曼德勃罗图形中
$(x=0.379, y=0.184)$ 处的朱利亚集

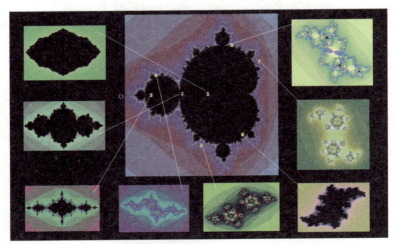

图 1.8.3　曼德勃罗集中不同的点对应不同的朱利亚集

图 2.2.1 洛伦茨吸引子

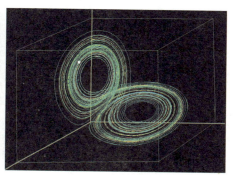

图 2.4.1 洛伦茨吸引子是个
2.06 维的分形

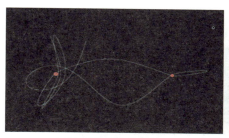

十条初值相邻轨道没有区别

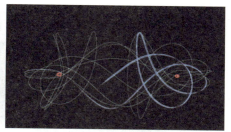

轨道开始分开

轨道间差别指数增长

十条轨道完全不同，各奔东西

图 2.6.2 限制性三体问题：初值有微小差别的十条轨道随时间的演化过程

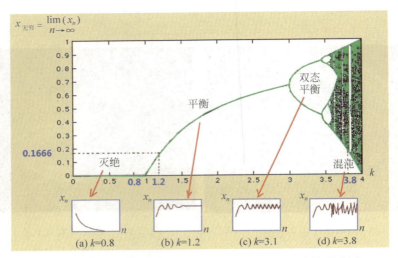

图 2.7.2 对应于不同的 k 值, 逻辑斯蒂方程解的不同长期行为

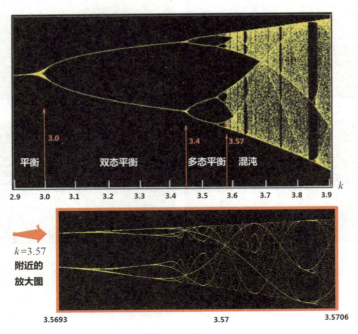

图 2.8.1 倍周期分岔现象 $(2.9 < k < 3.9)$

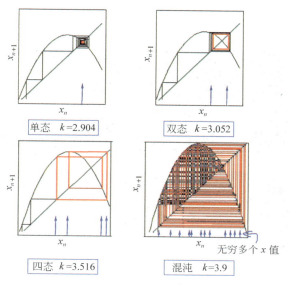

单态 $k=2.904$

双态 $k=3.052$

四态 $k=3.516$

混沌 $k=3.9$

无穷多个 x 值

图 2.9.1 不同 k 值下的逻辑斯蒂迭代图

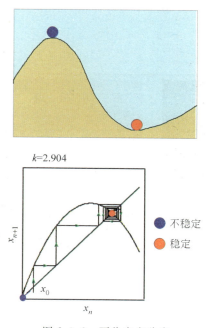

$k=2.904$

● 不稳定

● 稳定

图 2.9.2 不稳定和稳定

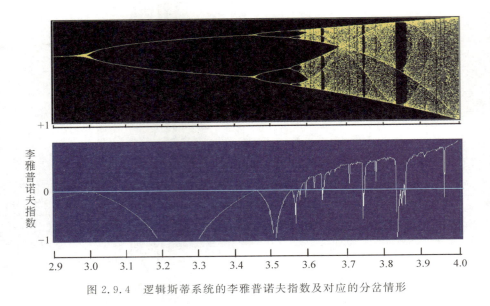

图 2.9.4　逻辑斯蒂系统的李雅普诺夫指数及对应的分岔情形

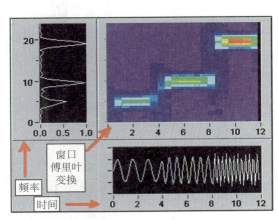

图 3.3.2　对三段不同频率的正弦函数组成的图形的窗口傅里叶变换结果

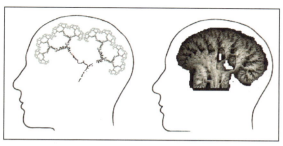

(a) 人脑的分形模型

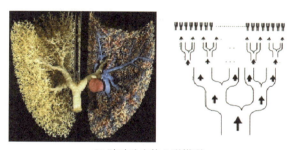

(b) 肺动脉床的分形模型

图 3.4.1　人体大脑和肺泡结构呈现分形

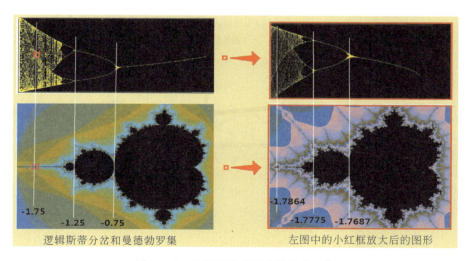

逻辑斯蒂分岔和曼德勃罗集　　　　　　　左图中的小红框放大后的图形

图 4.2.2　倍周期分岔图和曼德勃罗集

注：连接上下两图的白色竖线表明逻辑斯蒂分岔和曼德勃罗集之间的关联，白线下端的数字对应于曼德勃罗集中不同的复数 c 的实数值。

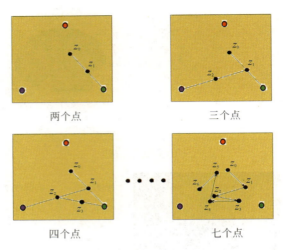

两个点   三个点

四个点   七个点

图 4.3.1　用混沌游戏方法生成谢尔宾斯基三角形

500 点   1000 点   5000 点

图 4.3.2　生成谢尔宾斯基三角形的混沌游戏，不同实验点数的不同结果

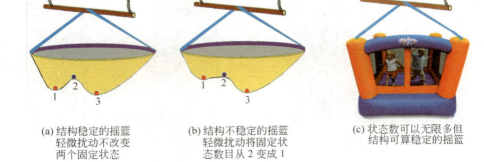

(a) 结构稳定的摇篮　　　　(b) 结构不稳定的摇篮　　　　(c) 状态数可以无限多但
　　轻微扰动不改变　　　　　　轻微扰动将固定状　　　　　　结构可算稳定的摇篮
　　两个固定状态　　　　　　　态数目从 2 变成 1

图 4.4.3　结构稳定性示意图

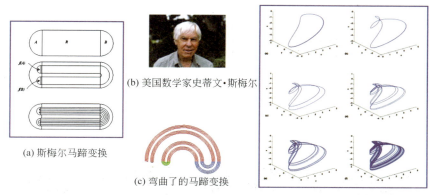

(a) 斯梅尔马蹄变换

(b) 美国数学家史蒂文·斯梅尔

(c) 弯曲了的马蹄变换

(d) 单涡旋混沌的形成中有马蹄变换的影子

图 4.4.4　马蹄映射和奇异吸引子的形成

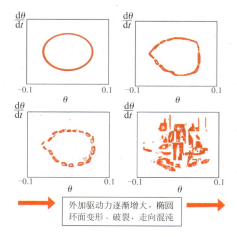

外加驱动力逐渐增大，椭圆环面变形、破裂，走向混沌

图 5.1.3　环面破裂混沌之路

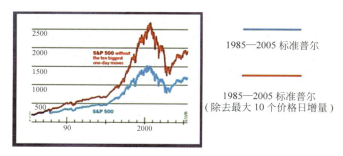

1985—2005 标准普尔

1985—2005 标准普尔
（除去最大 10 个价格日增量）

图 5.3.1　标准普尔 20 年增长曲线

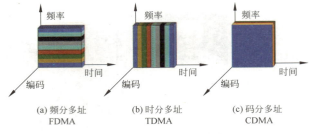

(a) 频分多址
FDMA

(b) 时分多址
TDMA

(c) 码分多址
CDMA

图 5.4.1　三种多址方式的比较

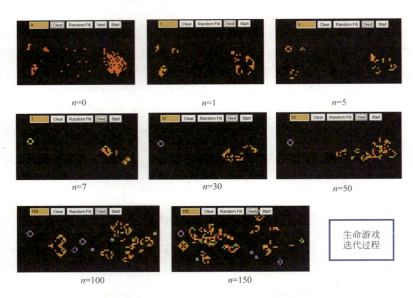

$n=0$

$n=1$

$n=5$

$n=7$

$n=30$

$n=50$

$n=100$

$n=150$

生命游戏
迭代过程

图 6.4.3　计算机模拟的生命游戏迭代过程

（这个计算机生成的图中，黑色部分表示死，其他彩色表示生）

生命游戏程序引自：http://www.tianfangyetan.net/cd/java/Life.html

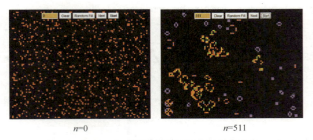

$n=0$

$n=511$

图 6.4.4　生命游戏模拟"无序到有序"